国家林业和草原局干部学习培训系列教材

植树造林理论与实践

《植树造林理论与实践》编写组组织编写

赵良平　主编

中国林业出版社

图书在版编目(CIP)数据

植树造林理论与实践 /《植树造林理论与实践》编写组组织编写；赵良平主编. —北京：中国林业出版社，2021.4
国家林业和草原局干部学习培训系列教材
ISBN 978-7-5219-1106-0

Ⅰ. ①植… Ⅱ. ①植… ②赵… Ⅲ. ①造林－干部培训－教材 Ⅳ. ①S72

中国版本图书馆 CIP 数据核字（2021）第 058533 号

中国林业出版社·教育分社

策划编辑：高红岩　　责任编辑：曹鑫茹　　责任校对：苏　梅
电话：(010)83143560　　传真：(010)83143516

出版发行	中国林业出版社(100009　北京市西城区德内大街刘海胡同7号) E-mail: jiaocaipublic@163.com　电话：(010)83143500 http://www.forestry.gov.cn/lycb.html
经　销	新华书店
印　刷	北京中科印刷有限公司
版　次	2021年4月第1版
印　次	2021年4月第1次印刷
开　本	710mm×1000mm　1/16
印　张	15.75
字　数	250千字
定　价	50.00元

未经许可，不得以任何方式复制或抄袭本书之部分或全部内容。
版权所有　侵权必究

《植树造林理论与实践》编写组

组　　　长：赵良平
副　组　长：丁立新　张利明　吴秀丽
成　　　员：邹庆浩　蒋三乃　张英帅　李俊魁
　　　　　　邓小芳　苏立娟
执 行 主 编：赵良平
执行副主编：蒋三乃
参 编 人 员：(按姓氏拼音排序)
　　　　　　崔永三　贾宜松　贾忠奎　蒋三乃
　　　　　　康向阳　刘　羿　邱立新　王　博
　　　　　　王　成　王金利　杨　惠　赵良平

序　言

习近平总书记强调："中国共产党人依靠学习走到今天，也必然要依靠学习走向未来。"重视学习、善于学习是我们党的优良传统和政治优势，是推动党和人民事业发展的一条成功经验。面对中华民族伟大复兴的战略全局和世界百年未有之大变局，党员干部只有认认真真地学习、与时俱进地学习、持之以恒地学习，才能增强工作的科学性、预见性、主动性，才能使领导和决策体现时代性、把握规律性、富于创造性，才能始终跟上时代步伐、担起历史重任。

党中央、国务院历来高度重视林草工作，在以习近平同志为核心的党中央坚强领导下，林草事业发生了深刻的历史性变革，进入了林业、草原、国家公园"三位一体"高质量融合发展的新阶段。把握新发展阶段、贯彻新发展理念、构建新发展格局，要求我们必须准确把握习近平生态文明思想深刻内涵，统筹推进山水林田湖草沙系统治理，积极推动绿水青山转化为金山银山，为全面建设社会主义现代化国家奠定坚实的生态基础。履行好这些职责任务，迫切需要大力加强林草干部教育培训工作，建设一支信念坚定、素质过硬、特别能吃苦、特别能奉献的高素质专业化林草干部队伍。

习近平总书记指出："抓好全党大学习、干部大培训，要有好教材。"教材是干部学习培训的关键工具，关系到用什么培养党和人民需要的好干部的问题。好教材对于丰富知识、提高能力，提升教学水平和培训质量具有非常重要的意义。为深入贯彻落实中央有关决策部署，服务林草事业发展和干部培训需求，国家林业和草原局紧紧围绕林草部门核心职能，不断加强干部学习培训系列教材建设，逐步形成了特色鲜明、内容丰富、针对性强的林草干部学习培训教材体系，为提升广大林草干部特别是基层林草干部的综合素质、专业素养和履职能力提供了有力支撑。

各级林草主管部门要持续加强林草干部教育培训工作，坚持把学习贯彻习近平新时代中国特色社会主义思想作为首要任务，着力提升政治判断力、政治领悟力、政治执行力。要坚持理论同实践相结合，学好用好这批教材，努力将教育培训成果转化为践行新发展理念、推动林草工作高质量发展的能力水平，为建设生态文明和美丽中国做出新贡献。

前　言

森林是陆地生态系统的主体和重要的自然资源，是维护国家生态安全、淡水安全、气候安全、物种安全和木材安全，实现中华民族永续发展的重要保障。植树造林是保护和修复森林生态系统的重要举措。科学开展植树造林，对于扩大森林面积、提升森林质量、构建健康稳定优质高效的森林生态系统，提供更多优质生态产品满足人民群众对优美生态环境需求，促进绿色发展、可持续发展具有重要意义。

为深入贯彻落实习近平生态文明思想和党中央、国务院关于开展大规模国土绿化行动的决策部署，提高林业系统干部职工对植树造林知识的认知水平、专业素养和应用能力，加快建设一支具有较强专业水平和业务能力的人才队伍，满足推进实施大规模国土绿化行动工作需要，根据国家林业和草原局重点培训教材建设工作部署，编写了《植树造林理论与实践》。

本教材结合我国造林工作实际和生产实践需要，本着浅显易懂、好学好用的原则，以林业系统干部职工特别是新任职干部为主要对象，以从事造林工作应当掌握的专业知识为主要内容，以应知应会、实际运用为重点，设置了绪论、基本内涵、林木种苗、人工造林、飞播造林、封山育林、特殊地区造林、森林灾害防控、森林抚育、退化林修复以及造林作业设计、检查验收、档案管理等内容，具有很强的实用性和指导性。

国家林业和草原局人事司、生态保护修复司、管理干部学院对本教材的编写工作给予了高度重视和大力支持。为顺利完成编写任务，成立了《植树造林理论与实践》编写组，具体编写由国家林业和草原局生态保护修复司牵头，并组织北京林业大学、中国林业科学研究院等单位的有关专家共同完成。中国林业出版社给予了全程支持和指导，为教材的顺利出版提供了有力保障。在本教材编写过程中，参考了国内外相关机构和专家的研究成果，在此一并致谢！

由于时间仓促和水平有限，教材内容难免存在不妥之处，真诚希望读者为继续修订完善本书提供宝贵意见和建议。

《植树造林理论与实践》编写组

目　录

序　言
前　言

绪　论 ··· 1

第一章　基本内涵 ·· 8
第一节　基本概念 ·· 8
第二节　基本遵循 ·· 23
第三节　技术体系 ·· 25

第二章　林木种苗 ·· 29
第一节　林木种子 ·· 29
第二节　苗木培育 ·· 43
第三节　种苗基地管理 ··· 53
第四节　造林种子和苗木要求 ·· 57

第三章　人工造林 ·· 62
第一节　基本原则和造林分区 ·· 64
第二节　人工造林技术要求 ··· 70
第三节　造林成效评价 ··· 89
第四节　森林更新 ·· 91
第五节　无性系造林 ·· 94

第四章　飞播造林 ·· 103
第一节　飞播造林发展历程 ··· 103
第二节　飞播造林技术要求 ··· 106
第三节　飞播造林成效调查评定 ··· 114

第五章　封山育林 ·· 117
- 第一节　概述 ··· 117
- 第二节　封山育林技术要求 ······································· 119
- 第三节　封山育林相关法规制度 ··································· 125
- 第四节　封山育林成效评价 ······································· 127

第六章　特殊地区造林 ·· 129
- 第一节　旱区造林 ··· 129
- 第二节　盐碱地造林 ··· 135
- 第三节　石质山区造林 ··· 138
- 第四节　矿山废弃地植被恢复 ····································· 147
- 第五节　农林复合经营 ··· 156
- 第六节　四旁植树 ··· 160
- 第七节　城市森林营建 ··· 163

第七章　森林灾害防控 ·· 179
- 第一节　林业有害生物防控 ······································· 179
- 第二节　森林火灾防控 ··· 197

第八章　森林抚育 ·· 200
- 第一节　森林抚育的目标和总体要求 ······························· 200
- 第二节　森林抚育的技术要求 ····································· 201
- 第三节　生物多样性和生态环境保护要求 ··························· 213

第九章　退化林修复 ·· 216
- 第一节　低效林改造修复 ··· 216
- 第二节　退化防护林修复 ··· 222

第十章　造林作业设计、检查验收和档案管理 ······················· 230
- 第一节　造林作业设计 ··· 230
- 第二节　造林检查验收 ··· 234
- 第三节　造林档案管理 ··· 236

参考文献 ··· 240

绪 论

森林是陆地生态系统的主体和重要的自然资源，是维护国家生态安全、淡水安全、气候安全、物种安全和木材安全，实现中华民族永续发展的重要保障。造林绿化是保护和修复森林生态系统的重要举措，是实现天蓝地绿水净、改善生态环境的重要途径，是功在当代、利在千秋的民生福祉工程。全面科学开展造林绿化，不断扩大森林面积、提升森林质量、构建健康稳定优质高效的森林生态系统，提供更多优质生态产品满足人民群众对优美生态环境需求，对于践行绿色发展理念、全面建成小康社会、实施国家重大战略、维护森林生态安全、积极应对气候变化具有重要意义，对促进经济社会可持续发展、推进生态文明和美丽中国建设具有重要的地位和作用。

中华人民共和国成立以来，党中央、国务院一直十分重视林业工作，做出了一系列保护森林、发展林业的重大决策，始终把植树造林、绿化祖国作为一项重大战略任务持续推进。经过几代人艰苦奋斗、不懈努力，我国造林绿化的工作思路不断完善，政策法规逐步健全，科技水平长足进步，参与力量更加广泛，规模持续稳步扩大，取得了举世瞩目的成就。回顾我国造林绿化事业发展历程，可以分为四个阶段：

（一）第一阶段：中华人民共和国成立之初到改革开放之前

中华人民共和国成立之初，我国百废待兴、缺林少绿，水土流失严重，风沙危害肆虐，旱涝灾害频繁。为快速增加林草植被，抵御和减缓自然灾害，党中央、国务院制定了一系列推进造林绿化的方针政策措施。1949年，《中国人民政治协商会议共同纲领》提出"保护森林，并有计划地发展林业"。1956年,《1956年到1967年全国农业发展纲要(草案)》要求"发展林业,绿化一切可能绿化的荒地荒山";同年,毛泽东同志向全国发出"绿化祖国"伟大号召。1958年,中共中央、国务院发布《关于在全国大规模造林的指示》,要求"坚持依靠合作社造林为主,同时积极发展国营林场,努力做好更新和护林工作"。1961年,中共中央颁布《关于确定林权、保护山林和发展林业的若干政策规定(试行草案)》,对山林所有权、经营管理、收益分配、木材采伐收购以及群众造林等有关政策做出明确规定。同年,财政部、林业部联合在东北内蒙古国有林区的森工企业建立"育林基金"和"更新改造资金"制度,支持更新、造林、育林。1963年,中共中央批转中南局《关于发展造林事业的决定》《对重点林区工作的几点意见》两份文件,做出指示,要求"各地党委对于造林事业必须予以充分重视""在造林事业中,要着重抓好国营造林,并要积极地发动群众造林,使造林工作普遍开展起来。"这一时期,虽然经历了"文化大革命"等运动,造林绿化事业遭受了一定影响。但是,总的来说,在中共中央、国务院的坚强领导下,各级党委政府和林业部门组织全国人民,自力更生、艰苦奋斗,以群众投工投劳为主,大力开展造林绿化,在风沙水旱灾害严重的山区、沙区、平原、沿海等地区相继营造起防风固沙林、农田防护林、沿海防护林、水土保持林等各种防护林,为我国森林资源恢复和国土生态治理做出了积极贡献。

(二)第二阶段:改革开放至20世纪90年代

随着改革开放的逐步推进,中共中央、国务院出台了一系列更有利于推动造林绿化事业发展的法律法规和重大政策。1981年,中共中央、国务院印发《关于保护森林发展林业若干问题的决定》,制定了稳定山林权、划定自留山、确定林业生产责任制(简称林业"三定"政策),把造林绿化责任和林木收益、整体利益与个人利益联系起来。同年,在邓小平同志的倡导下,全国人大五届四次会议通过《关于开展全民义务植树运动的决议》,将群众性的全民义务植树活动以法定形式固定下来。1982年,国务院成立中央绿化委员会(1988年更名为全国绿化委员会），出台了《关于开展全民义务植树运动的实施办法》。自此，全民义务植树运动成为世界上参加人数最多、持续时间最长、声势最浩大、影响最深远的一项群众性运动。1984年，《中华人民共和国森林法》颁布，确立了"以营林为基础，普遍护林，大力造林，采育结合，永续利用"方针。1986年，《森林法实施细则》（2000年修改为《森林法实施条例》）颁布实施，并制定了规划任务、组织实施、资金投入、采伐更新等造林绿化相关政策。1990年，国务院批复《1989—2000年全国造林绿化规划纲要》。1993年，国务院发出《关于进一步加强造林绿化工作的通知》，提出在加快改革开放和经济发展新形势下进一步加强造林绿化工作的十条措施。这一时期，为从根本上扭转我国生态环境恶化状况，缓解森林资源危机，维护生态平衡，从1978年开始，先后启动实施了三北（西北地区、华北北部、东北西部）、长江中上游、沿海地区、平原地区、太行山、沙化地区、淮河太湖流域、黄河中游、辽河流域、珠江流域十大防护林体系建设重点工程，出台了相应的工程造林资金补助等政策措施。以三北防护林建设工程为标志启动实施的一系列林业重点工程，开启了中国林业史上大规模工程造林时代，是我国林业建设和造林绿化事业恢复发展的重要过渡时期，为我国森林资源持续稳步增长奠定了坚实基础。

（三）第三阶段：20世纪90年代末到20世纪初期

随着我国市场经济体制的建立完善以及林业改革的深入推进，这一时期，中共中央、国务院出台了《关于加快林业发展的决定》和《关于全面推进集体林权制度改革的意见》等具有划时代意义的政策文件，首次召开了中央林业工作会议，根据国际国内新形势提出了造林绿化事业的新目标、新任务，我国造林绿化事业进入持续稳步快速发展时期。1998年，长江、嫩江、松花江等流域特大洪灾后，国务院在灾后重建32字指导方针中，将"封山植树"列为第一位措施，并经过整合我国原有林业重点工程，先后启动实施了天然林保护、退耕还林（草）、京津风沙源治理、三北及长江流域等防护林体系建设、重点地区速生丰产林基地建设、野生动植物保护与自然保护区建设六大林业重点工程，出台了关于落实目标责任、工程投资补助、森林资源保护、森林采伐管理、后续产业发展等一系列鼓励造林绿化的相关政策。2003年，中共中央、国务院发布了《关于加快林业发展的决定》，确立了以生态建设为主的林业发展战略和"严格保护，积极发展，科学经营，持续利用"的方针，明确了完善林业产权制度、发展非公有制林业、加大政府林业投入、加强林业发展金融支持、减轻林业税费负担等政策措施，鼓励和引导社会各方面力量参与造林绿化。2008年，中共中央、国务院出台《关于全面推进集体林权制度改革的意见》，制定了森林采伐、投融资体制机制、森林保险等相关配套政策，林地承包期延长至70年，农村林业改革发展潜力全面释放，进一步调动了集体林区造林绿化积极性。2009年，首次召开了中央林业工作会议，明确了林业在贯彻可持续发展战略中的重要地位、在生态建设中的首要地位、在西部大开发中的基础地位、在应对气候变化中的特殊地位，集体林权制度改革进入全面推进新阶段，为造林绿化事业注入了新的活力。同年，胡锦涛同志在联合国气候变化峰会上宣布"到2020年中国森林面积比2005年增加$0.4×10^8 hm^2$，森林蓄积比2005年增加$13×10^8 m^3$"的林业"双增"奋斗目标，并纳入"十二五"国民经济和社会发展规划纲要。

（四）第四阶段：党的十八大以来

党的十八大以来，以习近平同志为核心的党中央高度重视生态文明建设和国土绿化工作。习近平总书记亲自研究森林生态安全问题，并先后做出一系列重要指示批示，明确指出"林业建设是事关经济社会可持续发展的根本性问题""森林关系国家生态安全"；强调要坚持全国动员、全民动手植树造林，努力把建设美丽中国化为人民自觉行动；充分发挥全民绿化的制度优势，因地制宜，科学种植，加大人工造林力度，扩大森林面积，保护好每一寸绿色；要着力推进国土绿化，坚持全民义务植树活动，加强重点林业工程建设，实施新一轮退耕还林；要坚持保护优先、自然修复为主，坚持数量和质量并重，封山育林、人工造林并举；要全面深化林业改革，创新林业治理体系，充分调动各方面造林、育林、护林的积极性，稳步扩大森林面积，提升森林质量，增强森林生态功能，为建设美丽中国创造更好的生态条件。党的十八大把生态文明建设纳入中国特色社会主义事业"五位一体"总体布局，《中共中央、国务院关于加快推进生态文明建设的意见》就生态文明制度体系、法律制度和战略布局做出了重大部署。十八届五中全会确立了"创新、协调、绿色、开放、共享"新发展理念，审议通过的《中共中央关于制定国民经济和社会发展第十三个五年规划的建议》提出要"全面提升森林等自然生态系统稳定性和生态服务功能"。2015年，中共中央、国务院出台了《国有林区改革指导意见》《国有林场改革实施方案》，明确了推动国有林区、国有林场发展方向由木材生产为主向生态修复和建设为主、由利用森林获取经济利益为主向保护森林提供生态服务为主转变，确立了国有林区、国有林场保护和培育森林资源、发挥生态功能、维护国家生态安全的战略定位，提出了有序停止天然林商业性采伐、全面提升森林质量、加快森林资源培育与恢复的政策导向和改革任务。2016年年初，习近平总书记主持召开中央财经领导小组第十二次会议，研究森林生态安全问题时强调，要着力推进国土绿化，着力提高森林质量，着力开展森林城市建设，着力建设国家公园。2017年，党的十九大明确提出必须树立和践行绿水青山就是金山银山的理念，统筹山水林田湖草系统治理，加大生态系统保护力度；实施重要生态系统保护和修复重大工程，优化生态安全屏障体系，提升森林等生态系统质量和稳定性；开展国土绿化行动，推进荒漠化、石漠化、水土流失综合治理；完善天然林保护制度，扩大退耕还林还草。这一时期，按照党央、国务院的部署，我国启动实施了大规模国土绿化行动。习近平总书记的重要指示精神和中央出台的纲领性文件为推进大规模国土绿化行动提供了根本遵循，指明了发展方向，我国造林绿化事业进入新时代。

中华人民共和国成立70年以来，在中央林业方针政策的指引和党中央、国务院的正确领导下，通过各地区、各有关部门和广大干部群众共同努力，我国造林绿化事业取得了举世瞩目的巨大成就。全国森林覆盖率由1949年初期约8.6%提高到现在的22.96%。特别是改革开放以来的40年，我国森林面积、森林蓄积持续稳步增加，森林的生态服务功能明显提高。全国森林面积由改革开放之初的 $1.15×10^8 hm^2$ 扩大到现在的 $2.20×10^8 hm^2$，活立木蓄积量由 $102.6×10^8 m^3$ 增长到 $190.1×10^8 m^3$，森林蓄积量由 $90.3×10^8 m^3$ 增长到 $175.6×10^8 m^3$，人工林保存面积由 $2200×10^4 hm^2$ 增长到 $8003×10^4 hm^2$，人工林保存面积持续保持世界首位。全国森林植被总生物量达到 $188.02×10^8 t$，总碳储量 $91.86×10^8 t$；全国森林生态系统年涵养水源量 $6289.50×10^8 m^3$，年固土量 $87.48×10^8 t$，年保肥量 $4.62×10^8 t$，年吸收大气污染物量 $0.40×10^8 t$，年滞尘量 $61.58×10^8 t$，年固碳量 $4.34×10^8 t$，年释氧量 $10.29×10^8 t$。我国造林绿化事业持续稳步快速发展，为改善民生福祉、维护生态安全、促进绿色发展奠定了坚实基础。同时，为减缓全球森林面积缩减趋势、推进全球生态治理和应对全球气候变化做出了积极贡献，国际社会给予了充分肯定和高度评价。1991 年，联合国粮食及农业组织为表彰中国政府领导全国人民长期坚持开展造林绿化取得的成就，向中国政府颁发了植树造林银质奖。2009 年，胡锦涛同志在联合国总部召开的全球气候变化峰会上做出林业"双增"奋斗目标的承诺，赢得了世界的掌声，国际舆论评价中国政府的承诺使全球气候谈判出现了转机。联合国粮食及农业组织发布的《2010 年全球森林资源评估报告》和《2015 年全球森林资源评估报告》，都充分肯定了中国造林绿化、生态建设取得的巨大成就，高度评价中国林业在扭转全球森林资源持续减少、应对全球气候变化、保护生物多样性、维护能源生态安全等方面所做的重大贡献。2019 年，美国国家航空航天局（NASA）卫星数据对 2000—2017 年全球绿化情况分析结果显示，自 2000 年以来，全球绿化植物叶面积增加了 5%，地球比 20 年前变得更绿，新增的绿化面积中，25%以上来自中国，中国对全球绿化增量的贡献比居全球首位。而且，中国对全球绿化增长的贡献主要来自造林绿化，中国长期持续推进实施的造林绿化计划占中国绿化贡献的 42%。

我国造林绿化取得了积极进展和显著成效，但是总体上依然是一个缺林少绿、生态脆弱的国家，而且存在一些亟待解决的问题。一是森林资源总量不足。我国的森林覆盖率不到世界平均水平的 2/3，人均森林面积不到世界平均水平的 1/4，人均森林蓄积量仅为世界平均水平的 1/7，沙化土地面积占国土总面积的近 1/5，水土流失面积占国土面积的 1/3 以上，木材等林产品对外依存度比较高。二是森林质量不高，森林生态系统稳定性差。我国每公顷森林蓄积量仅相当于林业发达国家单位面积森林蓄积量的 1/4~1/3。全部森林中，质量好的森林仅占 19%，中幼龄林比例高达 65%，每公顷森林年生态服务价值仅相当于德国、日本的 40%。三是造林难度越来越大。以西北、华北等为主战场的造林绿化地区，水资源短缺，立地条件差，造林成本越来越高，成活成林越来越困难。四是人工纯林问题比较突出。全国乔木林中，混交林比例占 41.9%，纯林比例占 58.1%，特别是人工纯林比例过大，人工纯林面积比例占 81%，混交林只占 19%，存在树种单一、结构简单、稳定性差、易感染病虫害、生态功能脆弱等潜在生态问题。五是造林绿化关键技术储备不足。林地立地质量评价等基础研究滞后，适地适树、因林施策难以落实到位；干旱、半干旱地区造林、困难立地造林、低质低效林改造、退化林修复等关键技术研究没有实现突破，与推进大规模国土绿化行动、实现森林质量精准提升、构建健康稳定的森林生态系统的要求不相适应。六是造林绿化理念存在偏差。一些地方依然存在违背自然规律、经济规律和群众意愿，"高大密"绿化、大树进城、贪大求洋、过分追求绿化档次、忽视水资源承载力追求快速成林等问题。持续推进造林绿化，扩大森林面积，提高森林质量，构建健康稳定优质高效的森林生态系统，任重而道远。

第一章

基本内涵

第一节 基本概念

一、通用概念

森林覆盖率：某一行政区域有林地面积和国家特别规定的灌木林地面积占土地总面积的百分比。

有林地：附着有森林植被、郁闭度≥0.20的林地，包括乔木林、红树林和竹林。

乔木林：由乔木(含因人工栽培而矮化的)树种组成的片林或林带。其中林带行数应在2行以上且行距≤4m或林冠冠幅水平投影宽度在10m以上。

红树林：生长在热带和亚热带海岸潮间带或海潮能够达到的河流入海口，附着有红树科植物或其他在形态上和生态上具有相似群落特性科属植物的林地。

竹林：附着有胸径2cm以上的竹类植物的林地。由不同竹类构成的竹林的具体划分标准由各省自行制定，并报国务院林业主管部门备案。

疏林地：附着有乔木树种、郁闭度在0.10~0.19的林地。

灌木林地：附着有灌木树种，或因生境恶劣矮化成灌木型的乔木树种以及胸径<2cm的小杂竹丛，以经营灌木林为主要目的或专为防护用

途，覆盖度在30%以上的林地。

国家特别规定的灌木林地：按照国家林业局颁发的《国家特别规定的灌木林地的规定（试行）》执行，是指分布在年均降水量400mm以下的干旱（含极干旱、干旱、半干旱）地区，或乔木分布（垂直分布）上限以上，或热带亚热带岩溶地区、干热（干旱）河谷等生态环境脆弱地带，专为防护用途，且覆盖度大于30%的灌木林，以及以获取经济效益为目的进行经营的灌木经济林。

未成林地：指未达到有林地标准但有成林希望的林地。

苗圃地：具有一定面积且满足培育苗木目的的土地，不包括母树林、种子园、采穗圃、种质资源保存圃等种子、种条生产用地以及种子加工、贮藏等设施用地。

采伐迹地：采伐后3年内活立木达不到疏林地标准、尚未人工更新或天然更新达不到中等等级的林地。

火烧迹地：火灾后3年内活立木达不到疏林地标准、尚未人工更新或天然更新达不到中等等级的林地。

宜林地：经县级以上人民政府规划为林地的土地。包括以下3类：宜林荒山荒地、宜林沙荒地、其他宜林地。

林业辅助生产用地：指直接为林业生产服务的工程设施（含配套设施）用地和其他具有林地权属证明的土地。

非林地：指林地以外的耕地、牧草地、水域、未利用地和建设用地等。

森林分类：按主导功能的不同将森林（含林地）分为公益林和商品林两个类别。

公益林：以保护和改善人类生存环境、维持生态平衡、保存物种资源、科学实验、森林旅游、国土保安等需要为主要经营目的的有林地、疏林地、灌木林地和其他林地，包括防护林和特种用途林。

公益林按事权等级划分为国家级公益林和地方公益林。国家级公益林是指由地方人民政府根据国家有关规定划定，并经国务院林业主管部门核查认定的公益林。地方公益林是指由各级地方人民政府根据国家和地方的有关规定划定,并经同级林业主管部门核查认定的公益林。其中,国家级公益林按照其生态区位和林地保护等级划分为两级。属于林地保护等级一级范围内的国家级公益林,划为一级国家级公益林。林地保护等级一级划分标准执行《县级林地保护利用规划编制技术规程》(LY/T 1956—2011)。一级国家级公益林以外的,划为二级国家级公益林。

地方公益林按照生态区位差异一般分为重点和一般生态公益林。

商品林:以生产木材、竹材、薪材、干鲜果品和其他工业原料等为主要经营目的的有林地、疏林地、灌木林地和其他林地,包括用材林、能源林和经济林。

林种划分:根据经营目标的不同,可将森林划分为防护林、特种用途林、用材林、能源林、经济林5个林种、23个亚林种。

防护林:以发挥生态防护功能为主要目的的有林地、疏林地和灌木林地。防护林包括:

(1)水源涵养林。以涵养水源、改善水文状况、调节区域水分循环,防止河流、湖泊、水库淤塞,以及保护饮用水水源为主要目的的有林地、疏林地和灌木林地。

(2)水土保持林。以减缓地表径流、减少冲刷、防止水土流失、保持和恢复土地肥力为主要目的的有林地、疏林地和灌木林地。

(3)防风固沙林。以降低风速、防止或减缓风蚀,固定沙地,以及保护耕地、果园、经济作物、牧场免受风沙侵袭为主要目的的有林地、疏林地和灌木林地。

(4)农田牧场防护林。以保护农田、牧场减免自然灾害,改善自然环境,保障农牧业生产条件为主要目的的有林地、疏林地和灌木林地。

(5)护岸林。以防止河岸、湖岸、海岸冲刷或崩塌,固定河床为主要目的的有林地、疏林地和灌木林地。

(6)护路林。以保护铁路、公路免受风、沙、水、雪侵害为主要目的的有林地、疏林地和灌木林地。

(7)其他防护林。以防火、防雪、防雾、防烟、护鱼等其他防护作用为主要目的的有林地、疏林地和灌木林地。

特种用途林：以保存物种资源、保护生态环境，用于国防、森林旅游、种子生产和科学实验等为主要经营目的的有林地、疏林地和灌木林地。特种用途林包括：

(1) 国防林。以掩护军事设施和用作军事屏障为主要目的的有林地、疏林地和灌木林地。

(2) 实验林。以提供教学或科学实验场所为主要目的的有林地、疏林地和灌木林地，包括科研试验林、教学实习林、科普教育林、定位观测林等。

(3) 采种林。以培育优良种子为主要目的的有林地、疏林地和灌木林地，包括母树林、种子园、子代测定林、采穗圃、采根圃、树木园、种质资源和基因保存林等。

(4) 环境保护林。以净化空气、防止污染、降低噪音、改善环境为主要目的，分布在城市及城郊结合部、工矿企业内、居民区与村镇绿化区的有林地、疏林地和灌木林地。

(5) 风景林。以满足人类生态需求，美化环境为主要目的，分布在风景名胜区、森林公园、度假区、滑雪场、狩猎场、城市公园、乡村公园及游览场所内的有林地、疏林地和灌木林地。

(6) 名胜古迹和革命纪念林。位于名胜古迹和革命纪念地（包括自然与文化遗产地、历史与革命遗址地）的有林地、疏林地和灌木林地，以及纪念林、文化林、古树名木等。

(7) 自然保护林。各级自然保护区、自然保护小区内以保护和恢复典型生态系统和珍贵、稀有动植物资源及栖息地或原生地，或者保存和重建自然遗产与自然景观为主要目的的有林地、疏林地和灌木林地。

用材林：以生产木材或竹材为主要目的的有林地和疏林地。用材林包括：

(1) 短轮伐期用材林。以生产纸浆材及特殊工业用木质原料为主要目的，采取集约经营措施进行定向培育的乔木林地。

(2) 速生丰产用材林。通过使用良种壮苗和实施集约经营，森林生长指标达到相应树种速生丰产林国家或行业标准的乔木林地。

（3）一般用材林。其他以生产木材和竹材为主要目的的有林地和疏林地。

能源林：以生产燃料和其他生物质能源为主要目的的有林地、疏林地和灌木林地。

经济林：以生产油料、干鲜果品、工业原料、药材及其他副特产品为主要经营目的的有林地和灌木林地。经济林包括：

（1）果树林。以生产各种干鲜果品为主要目的的有林地和灌木林地。

（2）食用原料林。以生产食用油料、饮料、调料、香料等为主要目的的有林地和灌木林地。

（3）林化工业原料林。以生产树脂、橡胶、木栓、单宁等非木质林产化工原料为主要目的的有林地和灌木林地。

（4）药用林。以生产药材、药用原料为主要目的的有林地和灌木林地。

（5）其他经济林。以生产其他林副特产品为主要目的的有林地和灌木林地。

二、林木种苗

种源：是指取得种子或繁殖材料的原产地理区域。

外来树种：是指将树种引到自然分布区以外的地区栽植，在引入地区称为外来树种（引种树种）。

林木良种：是指通过国家或省林木品种审定委员会审定的林木种子，在一定的区域内，其产量、适应性、抗性等方面明显优于当前主栽材料的繁殖材料和种植材料。

林木良种基地：是指按照国家有关规定要求建立的，专门从事林木良种生产的场所，包括母树林、种子园、采穗圃等。

母树林：是优良天然林或种源清楚的优良人工林，通过留优去劣的疏伐，或用优良种苗以造林方法营建的，用以生产遗传品质较好的林木种子的林分。

种子园：是指用优树无性系或家系按照设计要求营建的、实行集约经营的、以产生优良遗传品质和播种品质种子为目的的特种人工林。

采穗圃：是以优树或优良无性系做材料，生产遗传品质优良的枝条、接穗和根段的基地。

优树：是在生产量、树形、抗性或其他性状上显著地优越于周围林木，经过评选确认具有良好表型的优良单株树木。

苗圃：是指专门培育苗木的场所。按使用年限长短可分为固定苗圃和临时苗圃；按土地面积大小可分为特大型苗圃（$\geqslant 100 hm^2$）、大型苗圃（$60\sim100 hm^2$）、中型苗圃（$20\sim60 hm^2$）和小型苗圃（$10\sim20 hm^2$）。

苗木：是指由种子等繁殖材料繁殖而来的具有完整根系和茎干的栽植材料。根据育苗所用材料和方法可分为实生苗、营养繁殖苗和移植苗。

实生苗：用种子繁殖的苗木。以人为的方法用种子繁殖培育的苗木称为播种苗，在野外由母树天然下种自生的苗木称为野生实生苗。

营养繁殖苗：利用木本植物的营养器官（根、茎、枝条、芽等）繁殖培育的苗木。根据所用的育苗材料和方法可分为插条苗、埋条苗、插根苗、根蘖苗、嫁接苗、压条苗。

插条苗：用苗干或截取树木的枝条插入土壤或湿润环境中育成的苗木。

埋条苗：是指用苗干或种条，全条横埋于圃地育成的苗木。

插根苗：用树木或苗木的根，插入或埋入圃地育成的苗木。

根蘖苗：又叫留根苗，是利用在地下的根系萌发出的新条育成的苗木。

嫁接苗：用嫁接的方法育成的苗木。即将某一植株上的枝条或芽，嫁接在另一植株的适当部位上，使二者愈合生长育成的苗木。

压条苗：把不脱离母体的枝条埋于土中，或在空中包以湿润物，待生根后切离母体而育成的苗木。

移植苗：在苗圃中把原来育苗地的苗木移栽到另一地段继续培育的

苗木。移植苗可促进苗木根系发育，扩大幼苗生长的营养面积，改善光照和通风条件，提高苗木质量。

工厂化育苗：是指在人工创造的最佳环境条件下，运用规范化的技术措施，采用工厂化生产手段，进行批量优质苗生产的一种先进育苗方式。

容器育苗：利用一定规格的容器(如钵、杯、袋、筒等)，经播种或移植培育苗木的育苗方式。

组织培养育苗：是指利用植物的离体器官、组织、细胞或原生质体，在适宜的人工培养基和无菌条件下培养，使其增殖、生长、分化形成小植株的育苗方式。

三、人工造林

造林：在无林地、疏林地、灌木林地、迹地和林冠下通过人工或天然方式营建森林的过程。

森林立地：是指森林所在的某一地段(一定空间范围)的环境总体，包括物理环境因子、森林植被因子和人为活动因子。

森林立地条件：是指在造林地上与森林生长发育有关的所有自然环境因子的综合。

森林立地质量：是指某一地段上既定森林的生产潜力，立地质量与树种关联，其质量高低可按潜在的木材生产力来测定。

森林立地质量评价：是对森林立地的宜林性或潜在的生产力进行判断和预测。立地质量评价的指标一般用立地指数(也称地位指数)，即该树种在一定基准年龄时的优势林木平均高。通过森林立地研究及质量评价，能够选择最有生产力的造林树种，提出适宜的育林措施，预估森林未来的生产力、木材产量等，为科学开展造林绿化等经营活动提供决策依据。

无林地造林：在适宜造林的无林地、疏林地和需要改造的灌木林地通过人工方式营建森林的过程。

迹地人工更新：在采伐、火烧等的迹地上通过人工方式恢复森林的过程。

四旁(零星)植树：在连续面积不超过 $0.067hm^2$ 的村旁、宅旁、路旁和水旁栽植林木的过程。

林冠下造林(更新)：为了伐前更新，或改善森林结构与功能、提高林地生产力，在林下通过人工措施营建森林的过程。包括伐前人工更新和有林地补植。

造林方法：采用不同种植材料营建、恢复森林的途径，包括播种造林、植苗造林、分殖造林(包括扦插造林、地下茎造林)。

播种造林：利用林木种子作为种植材料人工直接播种的方法。

植苗造林：利用苗木作为种植材料直接栽植的方法。

分殖造林：利用树木的部分营养器官(如枝、干、根、地下茎等)作为种植材料直接造林的方法。

扦插造林：利用树木的一段树干，或树木或苗木的一段枝条做插穗，直接插植于造林地的方法。包括插条和插干造林。

地下茎造林：利用竹类等的地下茎进行造林的方法。

伐前人工更新：在主伐或更新采伐前通过人工措施进行森林更新的方式。

纯林：由一种树种组成，或虽由多种树种组成，但主要树种的株数或断面积或蓄积量占总株数或总断面积或总蓄积量65%(不含)以上的森林。

混交林：由两种或两种以上树种组成的森林，其中主要树种的株数或断面积或蓄积量占总株数或总断面积或总蓄积量的65%(含)以下。混交方式有株间混交、行间混交、带状混交、块状混交以及植生组混交等。

造林模式：在某一造林作业区，分别不同立地类型和培育目标，明确造林树种、种植材料、造林密度、配置方式、整地、栽植和未成林地抚育管护，以及成林后的生长预估等造林要素的设计。

造林密度：单位面积造林地上的栽植(播种)点(穴)数，或造林设计的株行距。

整地：造林前清理有碍于苗木生长的地被物或采伐剩余物、火烧剩余物，结合蓄水保墒需要，耕翻土壤和准备栽植穴的作业过程。

树种配置：营造混交林时各混交树种的比例及混交方式。

种植点配置：播种点或栽植点在造林地上的间距及其排列方式。

造林成活率：以小班为单元，造林一年或一个生长季后，造林地上成活苗木的穴数与作业设计的种植穴数的百分比。

造林株数保存率：以小班为单元，对于某一年度的造林，达到有效造林标准或成林验收标准的造林株数与造林设计总株数的百分比。

造林面积保存率：对于某一年度的造林面积，到成林年限或有效造林年限后达到成林验收标准或有效造林标准的面积与该年度造林总面积的百分比。

四、飞播造林

飞播造林：根据植被自然演替规律，以天然下种更新原理为理论基础，结合植物种生态、生物学特性，模拟天然下种，利用飞机把林木种子播撒在造林宜播地段上，集"飞、封、补、管"等综合造林作业措施为一体，以恢复、改善和扩大地表植被为目的的造林技术过程。

播区：连成一个整体、单独进行设计并进行飞播造林作业的区域单位，包括宜播区和非宜播区。

小播区群：若干个相对集中，不相连接，而可以实施串联飞播造林作业的播区地块群。

飞播宜播地：适宜开展飞播造林的各种地类。包括宜林荒山荒地、宜林沙荒地、疏林地、灌丛地，低质、低效有林地，灌木林地及其他适宜飞播的土地。

航高：飞播作业时，飞机距离地面的高度。

播幅：飞机在播区作业的有效落种宽度。

航标点：飞播作业的导航信号标志点。该点位于播带的中心线上，飞播作业时飞机在其上空沿线压标播种。

航标线：同一序列彼此相邻不同序号航标点的连线。

卫星定位导航飞播作业：利用卫星定位系统导航技术进行飞播造林作业。

航迹：飞机飞播作业时的飞行轨迹。

飞行作业航向：飞机在播区飞播作业时飞行的方向。一般用飞行方位角表示。

飞行作业方式：飞机在播区作业时的飞行方法和顺序。

接种样方(点)：飞播作业时用于检查播种质量、统计落种情况的接种点。接种样方(点)一般为 1m×1m。

接种线：播区内同一序列彼此相邻不同序号接种样方(点)的连线。

有效苗：播区宜播面积范围内，播种苗或天然更新的同一类型、同一苗龄(苗龄级)的目的苗。

有苗样地：成苗调查时，有 1 株以上乔木或灌木树种，或 3 株以上多年生草本植物有效苗的样地。

有苗样地频度：有苗样地占播区宜播面积范围内设置样地总数的百分比。

成苗面积：飞播造林后成苗调查时，播区宜播面积达到成苗标准的面积。

成效面积：飞播造林后成效调查时，播区宜播面积达到合格标准的面积。

成效面积率：成效面积占播区宜播面积的百分比。

飞播用种处理：飞播前，对种子进行消毒、包衣、破壳、脱蜡、去翅、脱芒、丸粒等方法进行的预先处理。

复播：对成苗等级评定不合格的播区再次飞播作业。

沙障设置：在植被盖度小，播种后容易产生种子位移、沙埋的地段，飞播前用黏土、农作物秸秆、灌木枝条、土工材料等埋设成不同规格的网或带，以保证种子的定位与覆土，有利于种子发芽并得到庇护的技术措施。

五、封山(沙)育林

封山(沙)育林：对具有天然下种或萌蘖能力的疏林地、迹地、造林失败地、灌木林地以及乔木林、竹林，通过封禁或辅以人工辅助育林措施，保护并促进幼苗幼树、林木的自然生长发育，从而恢复形成森林或灌木林，或提高森林质量的一项技术措施。

封育区：地域上连续、实施封育措施的林地。

封育年限：达到封育合格标准或有效封育标准所需要的年限。

全封：在封育期间，禁止除实施育林措施以外的一切人为活动的封育方式，又称死封。

半封：在封育期间，林木主要生长季节实施全封，其他季节可按作业设计开展生产经营活动的封育方式，又称活封。

轮封：在封育期间，根据封育区具体情况，将封育区划片分段，轮流实行全封或半封的封育方式。

封育类型：通过封育措施，封育区预期能形成的森林植被类型。按照培育目的和目的树种比例分为乔木型、乔灌型、灌木型、灌草型和竹林型5个封育类型。

六、低效林改造

低效林：受人为或自然因素影响，林分结构和稳定性失调，林木生长发育迟滞，系统功能退化或丧失，导致森林生态功能、林产品产量或生物量显著低于同类立地条件下相同林分平均水平，不符合培育目标的林分总称。低效林按起源可分为低效次生林和低效人工林。

轻度退化次生林：受到人为或自然干扰，林相不良，生产潜力未得到优化发挥，生长和效益达不到要求，但处于进展演替阶段，实生林木为主，土壤侵蚀较轻，具备优良林木种质资源的次生林。

重度退化次生林：由于不合理利用，保留的种质资源品质低劣（常多代萌生或成为疏林），处于逆向演替阶段，结构失调，土壤侵蚀严重，经济价值及生态功能低下的次生林。

经营不当人工林：由于树种或种源选择不当，未能做到适地适树或其他经营管理措施不当，造成林木生长衰退，地力退化，功能与效益低下，无培育前途，生态效益或生物量（林产品产量）显著低于同类立地条件经营水平的人工林。

严重受害人工林：主要受严重火灾、林业有害生物、干旱、风、雪、洪涝等自然灾害等影响，难以恢复正常生长的林分(林带)。

低效林改造：为充分发挥低效林地的生产潜力，提高林分质量、稳定性和效益水平，而采取的改变林分结构、调整或更替树种等营林措施的总称。

林分结构：不同直径、树高和年龄的林木在林分中的分布状态，混交林还包括树种组成和林层。

带(块)状改造：划出保留带(块)与改造带(块)，于改造带(块)内进行改造作业的方式。

群团状改造：被改造的林分内，有培育前途的目的树种呈群团状或块状分布时，在群团内采取抚育措施培育目的树种，并对非目的树种分布的地块及林中空隙地进行改造作业的方式。

目标林分：指功能定位、结构、蓄积等林分特征体现特定森林经营目标的健康稳定的林分。

林冠下更新：通过林冠下植苗、直播或天然下种等措施营建森林，实现伐前更新并改善森林的结构与功能的作业方式。

七、森林抚育

森林抚育：从幼林郁闭成林到林分成熟前根据培育目标所采取的各种营林措施的总称，包括抚育采伐、补植、修枝、浇水、施肥、人工促进天然更新以及视情况进行的割灌、割藤、除草等辅助作业活动。

目的树种：适合本地立地条件、能够稳定生长、符合经营目标的树种。

目标树：在目的树种中，对林分稳定性和生产力发挥重要作用的长势好、质量优、寿命长、价值高，需要长期保留直到达到目标胸径方可采伐利用的林木。

霸王树：位于目标树上方、树冠庞大，影响目标树正常生长，需要移除的非目的树种林木。

抚育采伐：根据林分发育、林木竞争和自然稀疏规律及森林培育目标，适时适量伐除部分林木，调整树种组成和林分密度，优化林分结构，改善林木生长环境条件，促进保留木生长，缩短培育周期的营林措施。抚育采伐又称间伐，包括透光伐、疏伐、生长伐和卫生伐4类。

透光伐：在林分郁闭后的幼龄林阶段，当目的树种林木受上层或侧方霸王树、非目的树种等压抑，高生长受到明显影响时进行的抚育采伐。透光伐主要伐除上方或侧方遮阴的劣质林木、霸王树、萌芽条、大灌木、蔓藤等，间密留匀、去劣留优，调整林分树种组成和空间结构，改善保留木的生长条件，促进林木高生长。

疏伐：在林分郁闭后的幼龄林或中龄林阶段，当林木间关系从互助互利生长开始向互抑互害竞争转变后进行的抚育采伐。疏伐主要针对同龄林进行，伐除密度过大、生长不良的林木，间密留匀、去劣留优，进一步调整林分树种组成和空间结构，为目标树或保留木留出适宜的营养空间。

生长伐：在中龄林阶段，当林分胸径连年生长量明显下降，目标树或保留木生长受到明显影响时进行的抚育采伐。

卫生伐：在遭受自然灾害的森林中以改善林分健康状况为目标进行的抚育采伐。

定株：在幼龄林中，同一穴中种植或萌生了多株幼树时，按照合理密度伐除质量差、长势弱的林木，保留质量好、长势强的林木，为保留木保留适宜生长空间的抚育方式。

采伐强度：采伐强度包括蓄积采伐强度、株数采伐强度，分别是采伐木的蓄积量、株数和抚育采伐小班的总蓄积量、总株数之比。

补植：在郁闭度低的林分，或林隙、林窗、林中空地等，或在缺少目的树种的林分中，在林冠下或林窗等处补植目的树种，调整树种结构和林分密度、提高林地生产力和生态功能的抚育方式。

人工促进天然更新：通过松土除草、平茬或断根复壮、补植或补播、除蘖间苗等措施促进目的树种幼苗幼树生长发育的抚育方式。

割灌除草：消除妨碍林木、幼树、幼苗生长的灌木、藤条和杂草的抚育方式。

修枝：又称人工整枝，人为地除掉林木下部枝条的抚育方式。主要用于培育天然整枝不良的大径级用材林或珍贵树种用材林。

浇水：补充自然降水量不足，以满足林木生长发育对水分需求的抚育措施。

施肥：将肥料施于土壤中或林木上，以提供林木所需养分，并保持和提高土壤肥力的抚育方式。

八、林业有害生物防治

林业有害生物防治：是针对可危害森林(林木)的有害生物所采取的预防和治理活动。

不选择性：由于树木在形态、生理、生化及发育期不同步等原因使有害生物不危害或很少危害。

抗生性：即有害生物危害了该树种后，树木本身分泌毒素或产生其他生理反应，使有害生物生长发育受到抑制或不能存活。

耐害性：树木本身的再生补偿能力强，对有害生物危害有很强的适应性。

人工(器械)防治：即人工或利用器械直接清除有害生物，方法简单、操作容易、快捷有效，主要包括捕捉、摘除、砸卵、刮除、铲除、挖蛹等。

诱杀防治：是利用某些有害生物(害虫、害鼠)对光线、食物等的趋性，配合一定的物理装置引诱其前来，或配合人工处理措施进行防治的方法。

灯光诱杀：是根据多数昆虫具有趋光的习性，利用昆虫敏感的特定光谱范围的光源诱集昆虫，并利用高压电网或诱集袋、诱集箱等杀灭害虫，达到防治害虫目的。

潜所诱杀：是利用害虫的潜伏习性和对越冬场所的选择性，模拟制造各种适合场所，引诱害虫来潜伏或越冬，然后采取措施消灭。

颜色诱杀：是利用某些昆虫的视觉趋性制作不同颜色的黏虫板，黏附并杀灭害虫。如应用黄板诱杀果树害虫等。

食饵诱杀：是根据一些有害生物具有对某种气味或食物的特殊嗜好或趋性，用其嗜好的食物(加入药剂)制成诱饵，诱集或诱捕后杀灭。

阻隔防治：是根据害虫(鼠)需爬行上下树(啃食树干)危害的习性和扩散行为，在树干一定部位(防治害虫在树干胸径处、防治害鼠在基部一定高度)设置物理性障碍，阻止其危害或扩散的措施。

黏虫胶阻隔防治：是利用多种化学胶料、稀释剂、增黏剂、增塑剂、填料等助剂组合加工而成的黏虫胶，在树干上涂抹一定宽度的闭合环，防止害虫上树扩散危害。

塑料胶带阻隔防治：是利用胶带的光滑性，在树干环状缠绑一定宽度的塑料胶带，对阻隔在胶带下部的害虫进行清理杀灭。

塑料裙阻隔防治：是用塑料薄膜在树干基部围置成裙状(喇叭口)，阻止害虫扩散危害，并定期处理阻隔在塑料裙下的害虫。

器具保护：是根据鼠类啃食部位，在树干基部一定高度放置塑料、金属网套或捆扎芦苇、干草把、塑料布等物，形成防护层，阻挡害鼠(兔)啃咬危害。

生物防治：是指利用活的天敌、拮抗生物、竞争性生物或其他生物进行有害生物防治的手段。

天敌防治：是根据自然界中某种动物专门捕食或危害另一种动物的特性，通过人工繁殖释放或在林间采取适当保护、招引措施，促进天敌种群数量保持在较高水平，发挥天敌对有害生物的控制作用的方法。

病原微生物防治：是应用可以侵染生物体，能引起感染甚至传染病的微生物防治有害生物的方法。

化学防治：是利用化学物质及其加工产品控制有害生物危害的防治方法。

昆虫信息素：是由昆虫体内释放到体外，能影响同种或其他个体的行为、发育和生殖反应的微量挥发性化学物质，昆虫间利用这种化学物质进行信息交流。

植物源农药防治：是利用有效成分直接来源于植物体内含物的农药

产品进行防治的方法。

微生物源药剂：主要成分是由细菌、真菌、放线菌等微生物产生的，可以在较低浓度下抑制或杀死微生物、昆虫、螨类、线虫、寄生虫、植物等其他生物的低分子次生代谢产物。

昆虫生长调节剂：是由昆虫产生的对昆虫生长过程具有抑制、刺激等作用的化学物质。

九、其他相关概念

天然林：由天然下种或萌生形成的森林、林木、灌木林。

人工林：由人工直播、植苗、分殖或扦插形成的森林、林木、灌木林。

树种组成：林分中各树种的蓄积量（株数或丛数）占总蓄积量（株数或丛数）比重的结构组成。乔木林、竹林按十分法确定树种组成，如8油（油松）2栎（栓皮栎），9竹（毛竹）1杉（杉木）；复层林应分别林层按十分法确定各林层的树种组成。组成不到5%的树种不记载。

优势树种：林分中蓄积量（株数或丛数）占总蓄积量（株数或丛数）比重最大的树种。在乔木林、疏林小班中，按蓄积量组成比重确定，蓄积量占总蓄积量比重最大的树种（组）为小班的优势树种（组）；在未成林造林地小班中，按株数比例确定，株数占总株数比重最大的树种（组）为小班的优势树种（组）；在经济林、灌木林小班中，按株数比例、丛数比例确定，株数（丛数）占总株数（丛数）比重最大的树种（组）为小班的优势树种（组）。

森林碳汇：森林生态系统吸收和储存大气中二氧化碳的过程、活动或机制。

碳汇造林：以增加森林碳汇为主要目的，对造林和林木生长全过程实施碳汇计量和监测而进行的有特殊要求的造林。

第二节　基本遵循

科学开展造林绿化，必须以习近平新时代中国特色社会主义思想，特别是习近平生态文明思想为指导，牢固树立新的发展理念和正确的发展观、政绩观，坚持科学绿化、规划引领、因地制宜，走科学、生态、节俭的绿化发展之路，遵循自然规律和经济规律，尊重群众意愿，依靠科技创新，依靠政策引领，强化监督问责，高质量推进国土绿化，提供更多优质生态产品，为实现天蓝地绿水净、增进人民生态福祉、建设生态文明和美丽中国创造更好的条件。

科学开展造林绿化，应遵循以下基本原则：

(1) 坚持绿化为民、绿化惠民。牢固树立以人民为中心的绿化理念，始终将人民对优美生态环境的需求作为造林绿化的奋斗目标，着力解决群众最关心的生态环境质量问题，注重解决杨柳飞絮、花粉污染等影响人民健康的问题，提供更多优质生态产品，让人民群众充分享受造林绿化成果。

(2) 坚持尊重自然、顺应自然、保护自然。充分发挥自然修复能力，以自然恢复为主、适度人工修复为辅，因地制宜、顺势而为开展造林绿化，避免对自然生态系统形成不可逆的不利影响，着力解决违背自然规律、不顾自然生态禀赋等不讲科学、盲目蛮干的错误做法，促进人与自然和谐共生。

(3) 坚持以水定绿、量水而行。践行山水林田湖草生命共同体的理念，聚焦西部地区宜林荒山荒地主战场，充分考虑水资源承载能力，合理确定林草比例和配置方式，科学选择造林绿化方法，推广使用节水节地造林技术，治山、治水、治沙、护田统筹兼顾，风沙水旱灾害系统治理。

(4) 坚持多样性、本土化绿化。遵循林草生态系统发育演替规律，丰富生物多样性，着力解决人工林树种单一、稳定性差、功能脆弱等突出问题，优先选择乡土树种，积极采用多样化的乡土树种草种营造混交林，优化林草植被结构，构建健康稳定的林草生态系统。

(5) 坚持量力而行、尽力而为。立足经济社会可持续发展、绿色发展的实际需要，从解决突出的生态环境问题入手，根据经济社会发展水平和人财物力，继承发扬勤俭节约、艰苦奋斗的优良传统，少花钱多办事，务实推进造林绿化。

（6）坚持全国动员、全民动手、全社会搞绿化。充分发挥党的领导和中国特色社会主义制度优势，强化各级党委政府的组织领导作用和责任机制，构建以政府为主导，企业、公众及社会组织等各方面力量共同参与、多方投入造林绿化的新机制，形成多层次、全方位推进造林绿化的强大合力。

第三节　技术体系

造林绿化是森林培育全过程中的关键环节、重要措施和重要内容，是保护修复森林生态系统的重要手段和培育健康稳定、优质高效森林生态系统的重要基础。森林培育是贯穿于从种子生产（或天然下种）、苗木培育、森林营造、森林抚育及改造、森林采伐利用、森林更新（人工更新或天然更新）的全周期长期持续过程，是一系列措施的综合技术体系（森林作业法）。根据我国森林资源状况和森林特征，针对不同森林类型和森林主导功能、经营目标，按照培育对象和作业强度由高到低顺序以及近自然程度，以主导的森林采伐利用方式命名，森林培育技术体系可划分为7种森林作业法。针对不同的森林作业法及其特定立地环境、主导功能、经营目标及其森林特征，应采取有区别的造林绿化和森林培育技术措施。

（一）一般皆伐作业法

一般皆伐作业法适用于集约经营的商品林。通过植苗或播种方式造林，幼林阶段采取割灌、除草、浇水、施肥等措施提高造林成活率和促进林木早期生长。幼、中龄林阶段根据林分生长状况，采取透光伐、疏伐、生长伐和卫生伐等抚育措施调整林分结构，促进林木快速生长。对达到轮伐期的林木短期内一次皆伐作业或者几乎全部伐光（可保留部分母树）。伐后采用人工造林更新或人工辅助天然更新恢复森林。针对我国现行普遍采用的皆伐作业法中存在的问题，为提升木材品质，该作业法可采取以下改进措施：①延长轮伐期，提高主伐林木径级；②增加抚育作业次数;③减少主伐时皆伐的面积,从严控制每次皆伐连续作业面积;④伐区周围要保留一定面积的保留林地(缓冲林带),保留伐区内的珍贵树种、幼树幼苗。

(二)镶嵌式皆伐作业法

镶嵌式皆伐作业法适用于地势平坦、立地条件相对较好的区域,林产品生产为主导功能的兼用林;也适用于低山丘陵地区速生树种人工商品林。该作业法在一个经营单元内以块状镶嵌的方式同时培育2个以上树种的同龄林。每个树种培育过程与一般皆伐作业法大致相同。更新造林和主伐利用时,每次作业面积不超过 $2hm^2$。皆伐后采用不同的树种人工造林更新或人工促进天然更新恢复森林。该作业法的优点是:一次采伐作业面积小,避免了对环境的负面影响,能保持森林景观稳定、维持特定的生态防护功能。

(三)带状渐伐作业法

带状渐伐作业法适用于多功能经营的兼用林,也适用于集约经营的人工纯林。该作业法以条带状方式采伐成熟的林木,利用林隙或林缘效应实现种子传播更新,并提高光照来激发林木的天然更新能力,实现林分更新,是培育高品质林木的经营技术体系。该作业法的采伐作业以一个林隙或林带为核心向两侧扩大展开,每次采伐作业的带宽为1~1.5倍树高范围,通过持续采伐作业促进天然更新,形成渐进的带状分布同龄林。在立地条件适合的前提下,也可促进耐阴树种、中生树种和阳性树种在同一个林分内更新,形成多树种条带状混交的异龄林。

(四)伞状渐伐作业法

伞状渐伐作业法适用于多功能经营的兼用林,特别是天然更新能力好的速生阔叶树种多功能兼用林。该作业法是以培育相对同龄林,利用天然更新能力强的阔叶树种培育高品质木材的恒续林经营体系。森林抚育以促进林木生长和天然更新为目标,通常由疏伐、下种伐、透光伐和除伐构成,使得林分中的更新幼树在上一代林木庇荫的环境下生长,有利于上方遮阴促进幼树高生长,提高了木材产品质量,同时保持森林恒续覆盖和木材持续利用。该作业法根据具体树种的特性和生长区的光热条件等可简化为 2~3 次抚育性采伐作业，构成一个"更新—生长—利用"的经营周期。

(五)群团状择伐作业法

群团状择伐作业法适用于多功能经营的兼用林，也适用于集约经营的人工混交林，是培育恒续林的传统作业法。该作业法以收获林木的树种类型或胸径为主要采伐作业参数，群团状采伐利用符合要求的林木，形成林窗，促进保留木生长和林下天然更新，结合群团状补植等措施，建成具有不同年龄阶段的更新幼树到百年以上成熟林木的异龄复层混交林。该作业法适用于坡度小于15°的山地或者平缓地区森林，以较低的经营强度培育珍贵硬阔叶树种和大径级高价值用材，兼具涵养水源、维持生物多样性、提供生态文化服务等生态功能。

(六)单株木择伐作业法

单株木择伐作业法适用于多功能经营的兼用林，也适用于集约经营的人工林，属于培育恒续林的作业法。该作业法对所有林木进行分类，划分为目标树、干扰树、辅助树(生态目标树)和其他树(一般林木)，选择目标树、标记采伐干扰树、保护辅助树。通过采伐干扰树、修枝整形、在目标树基部做水肥坑等措施，促进目标树生长，提高森林质量，提升木材品质和价值，最终以单株木择伐方式利用达到目标直径的成熟目标树。主要利用天然更新方式实现森林更新，结合采取割灌、除草、平茬复壮、补植等人工辅助措施，促进更新层目标树的生长发育，确保目标树始终保持高水平的生长、结实、更新能力，成为优秀的林分建群个体，保持森林恒续覆盖，维持和增加森林的主要生态功能，同时持续获取大径级优质木材。

(七)保护经营作业法

保护经营作业法主要适用于严格保育的公益林经营。该作业法以自然修复、严格保护为主，原则上不得开展木材生产性经营活动，严格控制和规范林木采伐行为。可适度采取措施保护天然更新的幼苗幼树，天然更新不足的情况下可进行必要的补植等人工辅助措施，在特殊情况下可采取低强度的森林抚育措施，促进建群树种和优势木生长，促进和加快森林正向演替。因教学科研需要或发生严重森林火灾、病虫害以及母树林、种子园经营等特殊情况，按《国家级公益林管理办法》的有关规定执行。《国家级公益林管理办法》规定：一级国家级公益林原则上不得开展生产经营活动，严禁打枝、采脂、割漆、剥树皮、掘根等行为。国有一级国家级公益林，不得开展任何形式的生产经营活动。因教学科研等确需采伐林木，或者发生较为严重森林火灾、病虫害及其他自然灾害等特殊情况确需对受害林木进行清理的，应当组织森林经理学、森林保护学、生态学等领域林业专家进行生态影响评价，经县级以上林业主管部门依法审批后实施。集体和个人所有的一级国家级公益林，以严格保护为原则。根据其生态状况需要开展抚育和更新采伐等经营活动，或适宜开展非木质资源培育利用的，应当符合相关技术规程的规定。二级国家级公益林在不影响整体森林生态系统功能发挥的前提下，可以按照相关技术规程的规定开展抚育和更新性质的采伐。在不破坏森林植被的前提下，可以合理利用其林地资源，适度开展林下种植养殖和森林游憩等非木质资源开发与利用，科学发展林下经济。国有二级国家级公益林除执行相关技术规程的规定外，需要开展抚育和更新采伐或者非木质资源培育利用的，还应当符合森林经营方案的规划，并编制采伐或非木质资源培育利用作业设计，经县级以上林业主管部门依法批准后实施。国家级公益林中的天然林，除执行上述规定外，还应当严格执行天然林资源保护的相关政策和要求。

第二章

林木种苗

林木种苗是造林绿化的物质基础。繁育、生产良种壮苗是提高造林绿化质量、构建健康稳定优质高效森林生态系统的根本所在。

第一节 林木种子

林木种子是指林木的种植材料或者繁殖材料,包括籽粒、果实、根、茎、苗、芽、叶、花等。这些材料是林木繁殖及造林绿化的物质基础,其质量的优劣、数量的多少直接关系到森林质量的高低和林业建设的成效。

一、林木良种选育

林木良种选育指在树木遗传改良理论指导下,根据育种目标从育种材料开始,包括有性和无性选育材料的繁殖、测定、选择,直至获得新品种(改良)的全部有序过程。在明确育种目标的前提下,首先要掌握原始材料,这在很大程度上决定了改良的成效,而原始材料的选择又决定于所掌握的种质资源广度和深度。有了丰富的种质资源,改良新途径和新技术才能充分地发挥作用。

(一)林木种质资源

根据《中华人民共和国种子法》(以下简称《种子法》)的规定,种质资源是指选育植物新品种的基础材料,包括各种植物的栽培种、野生种的繁殖材料以及利用上述繁殖材料人工创造的各种植物的遗传材料。林木种质资源又称为林木遗传（或基因）资源，形态上包括植株、苗、芽、花、花粉、组织、细胞和 DNA、DNA 片段及基因等。它负载高度的遗传多样性，是林木良种选育的原始材料、树种改良的物质基础，关系到国家的可持续发展和今后基因工程的基本保障，是国家重要的基础性、战略性资源。

1. 林木种质资源普查

全面普查林木种质资源、摸清资源家底，是关系到林木种质资源保护、管理、监测、评价和利用的重要基础工作。为规范林木种质资源调查工作，原国家林业局印发了《林木种质资源普查技术规程》，并配套建立了林木种质资源普查信息管理系统。

（1）普查对象。普查对象为行政区域内所有的林木种质资源，包括种子园、采穗圃、母树林、采种林、遗传试验林、植物园、树木园、种质资源保存林（圃）、种子库等专门场所保存的种质资源；原始林、天然林、天然次生林内处于野生状态的种质资源；在造林工程、城乡绿化、经济林果园等栽培利用的种质资源；古树名木。

（2）普查内容。查清区域内乔木、灌木、竹类和藤本等林业植物资源的种类、数量、分布及生长情况，记录分布地点的群落类型及生长环境。调查树种种内的变异类型、来源、经济性状、抗逆性、保存状况等。

（3）普查方法。采用资料查阅、知情人访谈、踏查、路线调查、样地调查、单株调查等方法。

2. 林木种质资源保存与利用

在林木种质资源普查、收集基础上，根据保存原则，以省、自治区、直辖市为单位制定种质资源的保存规划。

（1）保存原则。一是保护濒危树种不灭绝，并得以适当发展；种的遗传基因不丢失，并满足利用为目的。二是根据不同林木的特性采用相应的保存方法。林木群体以原地保存为主。

（2）保存方法。一是原地保存，指将种质资源在原生地进行保存，又称就地保存。设立林木种质资源原地保存区，应尽可能利用国家和地方建立的各种类型自然保护区和保护林。建立原地保存区，应包括保存区内构成森林群体的全部树种；每个森林树种群体要有3个以上的保存点，并在其周围设立保护带。单独的群体和零星的个体也应建立保存点。保存区的面积必须考虑到保存林木群体的生态和遗传稳定性。二是异地保存，指将种质资源迁移出原生地栽培保存，又称迁地保存。有特殊需要的林木种质资源应进行异地保存。异地保存必须根据气候带和生态区，选择建立林木种质资源库的地点，并根据立地类型、小气候条件，在每一树种分布区内，合理布局各类林木种质资源保存点。主要形式有国家和地方建立的林木种质资源库、林木良种基地收集区（圃）、植物园、树木园及种质资源贮藏库等。三是设施保存，在原地、异地保存有一定困难或有特殊价值的林木种质资源，可对种子、花粉等离体材料进行设施保存，又称为离体保存。设施保存主要通过建立种质资源贮藏库，在特定条件下保存其活力，如低温密封保存种子和花粉、超低温保存植物细胞和组织等。

在调查基础上收集和保存的林木种质资源，应观察研究，做出评价，最终达到利用目的，获得林木良种。

（二）林木良种选育

林木良种是经人工选育，通过严格试验和鉴定，证明在适生区域内，在产量和质量以及其他主要性状方面明显优于当地主栽树种或栽培品种，具有生产价值的繁殖材料。在目前林草生产实践中，林木良种包括经审定、认定的优良品种、优良家系、优良无性系以及优良种源内经过去劣的正常林分和种子园、母树林生产的种子。目前，选育林木良种的主要途径包括引种、选种和育种。

1. 引种

外来树种（引种树种）是指将树种引到自然分布区以外栽植，在引入地区称为外来树种。林木引种即引进驯化外来树种，选择优良者加以繁殖推广的工作。

（1）引种必须遵循的基本原则。一是坚持先试验后推广的原则，按照选择引种树种—初选试验—区域性试验—生产性试验—推广的程序进行。二是充分利用引种树种种内产地间与个体间的遗传差异选择优良种源和个体。三是充分利用引入地区多样的气候、地理条件和优良的小气候环境，进行多种立地试种。四是根据引种树种的生物学特性采取不同的驯化措施，包括某些特殊的栽培措施，研究配套的栽培技术。五是防止外来树种可能产生的不良生态后果。

(2) 引种成功的标准以外来树种表现的适应性、效益和繁殖能力作为评定引种树种成功的主要指标。适应性表现为适应引入地区的环境条件，在常规造林栽培技术条件下，不需特殊保护措施能正常生长发育，并且无严重病虫害。效益表现为达到原定引种目的，经济效益、生态效益及社会效益较高或明显高于对照树种（品种），并且无不良生态后果。

2. 选种

林木选择育种是指在林木种内群体中，挑选符合人们需要的群体和个体，通过比较、鉴定，繁育有益的遗传材料，改良林木遗传结构，提高林木遗传品质的育种技术。林业上主要的选种方式是种源选择和优树选择。

(1) 种源选择。种源是指取得种子或繁殖材料的原产地理区域。在我国，通常种源以县为单位，繁殖材料来自的县名也是种源名。

对同种不同种源的树木的种子或其他繁殖材料，进行造林对比，以研究种群变异规律，选择适宜产地种子的试验，叫作种源试验。用种源试验方法，选择适应性强、遗传增益高的种源用于生产的过程称为种源选择。

(2) 优树选择。优树是在生产量、树形、抗性或其他性状上显著地优越于周围林木，经过评选确认具有良好表型的优良单株树木。优树评选方法有对比树法、基准线法。在天然林，特别是异龄林或混交林中选优宜用基准线选优法；在人工林或同龄的天然纯林中选优可采用对比数选优法。

3. 育种

育种的方法主要包括杂交育种、诱变育种、多倍体育种与单倍体育种、现代生物技术育种等。目前，常规育种仍然是林木育种的有效手段。林业发达国家主要造林树种长期育种已进入第 2 代、第 3 代育种,通过杂交育种等技术,良种的遗传增益不断提高。同时,以分子设计育种、细胞工程育种等为核心的现代林木育种技术推进了速生优质高抗林木新品种的定向选育进程。

(1)杂交育种。杂交育种是指通过杂交、培育、鉴定和选择,培育新品种的过程。杂交是基因型不同的生物体间相互交配。在林木育种中,通常指种间、亚种间、品种间、变种间的交配。为了保证杂交成功,必须了解亲本开花生物学特性,掌握花粉处理技术,并根据不同树种特性选择合适的杂交方法。树木杂交主要有 2 种方法,即树上授粉和室内切枝授粉。松、杉、落叶松等开花结实过程长的树种,都是树上杂交。杨树、柳树、榆树等树种,由于种子小、成熟期短,从开花到种子成熟仅需要 1~2 个月,可以将花枝剪下,在室内杂交。获得杂交种子仅是杂交育种的开始,杂种要经过培育、鉴定和选择,最后才能培育出优良的杂交新品种。具有优良性状的杂种,由于数量有限,还需要经过良种繁育以及杂种推广前的区域化试验。

(2)诱变育种。诱变育种包括辐射诱变育种和化学诱变育种。辐射育种是指人为地利用各种物理诱变因素,如 X 射线、γ 射线、β 射线、中子、激光、电子束、离子束、紫外线等诱发植物产生遗传变异,在较短时间内获得有利用价值的突变体,根据育种目标,选育新品种直接生产利用或者育成新种质作为亲本间接利用的育种途径。化学诱变育种是指人们利用化学诱变剂,如烷化剂、叠氮化物、碱基类似物等诱发植物产生遗传变异,再将有用的突变体选育成新品种的过程。

(3)多倍体和单倍体育种。多倍体育种作为一种遗传改良方法,已在杨树、刺槐、桑树等树种上取得了成效。多倍体是指细胞核含 3 套以上染色体组的个体。多倍体品种一般具有细胞大、适应性强、某些生化成分含量增加、可克服远缘杂交不亲和等优势。林木多倍体诱导主要包括体细胞染色体加倍、不同倍性体间杂交、未减数配子杂交、胚乳培养与细胞融合等途径。

单倍体育种是利用植物仅有 1 套染色体组的配子体而形成纯系的育

种技术。单倍体植物不能结种子，生长又较弱小，没有单独利用的价值，但在育种工作中作为一个中间环节，能很快培育纯系，加快育种速度。

(4) 现代生物技术育种。现代生物技术育种主要通过组织培养、体细胞胚胎发生与人工种子、分子标记辅助育种、基因工程等技术。其中，基因工程育种是生物技术应用领域的一个重要部分，可在体外定向进行基因重组和基因改良，通过相应的载体实现基因转移。基因工程育种具有目的性强、时间短，并可以打破种间杂交不亲和的界限，加速林木新品种的培育。林木转基因研究起步于20世纪80年代，经过快速发展，目前已经对杨树、桤木、核桃、刺槐、桉树、火炬松、云杉等多个树种进行了遗传转化研究，获得转基因植株的有杨树、松树、柳树、核桃等，个别已进入商业化阶段。

二、林木种子生产基地

林木生产周期长，一旦用劣质种子造林，不仅影响成活、成林、成材，而且会造成难以挽回的损失。为了保证种质资源及有计划供应优良的林木种子，加快实现种子生产专业化、种子质量标准化、造林良种化，从根本上提高森林生产力和木材品质，确保造林绿化需要，必须建立种子生产基地。

林木种子生产基地是提供生产性林木种子的区域或单位，包括母树林、种子园、采穗圃等林木良种基地和一般采种基地。良种繁育的途径应根据树种特性和地区条件，合理选用。一般针叶树用材林树种，宜采用建立母树林、种子园等；油茶、油桐、核桃等经济树种、果树以及部分阔叶树种，宜采用优良无性系建立采穗圃。

(一) 母树林

母树林是优良天然林或种源清楚的优良人工林，通过留优去劣的疏伐，或用优良种苗以造林方法营建的，用以生产遗传品质较好的林木种子的林分。由于营建技术简单，成本低，投产快，种子的产量和质量比一般林分高，因此，它是我国当前生产良种的主要形式之一。

1. 选建母树林

(1) 林地选择。母树林应在优良种源区或适宜种源区内,气候生态条件与用种地区相接近的地区:①地势平缓、背风向阳、光照充足、不易受冻害的开阔林地。②排水良好、海拔适宜、交通方便、100m 范围内没有同树种的劣等林分,面积相对集中,天然林在 $7hm^2$ 以上,人工林 $4hm^2$ 以上。③土壤条件应土层深厚,土壤较为肥沃,与用种地区土壤类型近似。

(2) 林分选择。①应选同龄林,对异龄林的林龄应控制在 2 个龄级以内。一般以中幼林为最佳(红松天然林可选近、成熟林)。②郁闭度在 0.6 以上。林龄小的林分郁闭度宜大些,林龄大的林分郁闭度宜小些。③不论是天然林或是人工林,都要选择实生的林分。④首先选择纯林,如选择混交林,目的树种不少于 70%,天然红松林和红皮云杉林不少于 50%。⑤林分生长发育状况,应选择生长发育状况良好的优良林分。

2. 营建母树林

(1) 立地选择。首先,应选择在适生范围内,能正常生长发育,并能大量结实的地区营建。其次,造林地选择海拔适宜、地势平缓、交通方便、土壤肥力中等、光照充足、100m 范围内无同种树的劣等林分或近缘种林分的地段。

(2) 材料选择。①有种源研究结论的树种,在优良种源区选择;无种源研究结论的树种,在本地或相邻地域选择。②在优良种源区内,选择优良林分作为种植材料选择的对象。③在优良(适宜)种源区优良林分内,选择优良木作为采种母树,尽量选择多个林分采种,同一林分优良木之间,应距离 50m 以上。采种母树的株数不少于 50 株。孤立木、病虫危害木、品质低劣木,不能用作采种母树。④无法进行林分、单株选择采种时,若种源清楚、良好,可选超级苗作为新建母树林的材料。选择标准为均值加 2 个标准差以上。

(3) 育苗。种植材料可分株单采、单育,也可单采混育或使用优良材料的嫁接苗。育苗方法与生产性育苗相同。

(4)造林。①用超级苗(或Ⅰ级苗)造林。②细整地、施足底肥并采取必要的保墒或排涝措施。③初植密度为一般造林密度的30%~50%。④及时松土除草防治病虫害,适当施肥,促进幼树生长。

母树林营建后应有专业队伍加强管护,禁止放牧、割脂,严禁主伐,继续做好疏伐、松土除草、施肥、保护、病虫鼠害防治、花粉管理、子代测定、结实量预测预报、种子采收等经营管理工作。

(二)种子园

种子园是用优树无性系或家系按照设计要求营建的、实行集约经营的、以产生优良遗传品质和播种品质种子的特种林。种子园具有保持优树的优良特性、结实早且稳产高产、面积集中等优势,国内外普遍把发展种子园作为生产造林种子的重要途径。

根据繁殖方式,种子园可分为无性系种子园和实生苗种子园;根据繁殖材料的改良程度,可分为初级种子园和改良种子园;根据树种的亲缘关系,可分为杂交种子园和产地种子园。

1. 规划设计

(1)地域特点。在同一个种子园内,至少在同一个大区内,只能使用来自相似生态条件的优树繁殖材料。对乡土树种,种子园种子供应范围包括优树原产地及与原产地生态条件相似的地区;对外来树种,种子园种子供应范围为适生地区。

(2)种子园规模。按种子园供种范围的用种量、单位面积产种量确定种子园建设规模。并且,种子园内同一树种的面积应在$10hm^2$以上。

(3)园址条件。在适于该树种生长发育的生态条件范围内,选择有利于长期大量结实的地段建园。种子园要集中成片,避免与农田或其他用地插花。土地使用权明确,没有纠纷。

园址要求海拔适宜,光照充足,地势比较平缓,坡度不得超过25°;土层厚度在南方应大于60cm,北方应大于40cm;肥力中等、透气性和排水良好的壤质土壤;土壤酸碱度要符合树种特性;在干旱地区,应有一定灌溉条件。排水不良、风口以及易发生冻害、冰雹地段均不能选作园址。松、杉、柏类应按要求保证隔离带距离,平地或缓坡地花粉隔离带应种植草本植被或灌木。

(4)种子园区划设计。种子园可区划为若干大区，大区内设置小区。地势平缓地段可划分成正方形或长方形；山区沿山脊或山沟、道路等划界，不求形状规整或面积一致，但应连接成片。小区按坡向、坡位和山脊等区划，或按栽植年份、栽植材料划分。大区界宽 4~6m，小区间隔道宽 1~2m。大区面积为 3~10hm^2，小区为 0.3~1hm^2。根据种子园的面积、地貌、运输量设置简易公路和林道，构成道路网。

(5)建园材料来源和数量。在了解建园树种地理变异规律的情况下，种子园可采用优良种源区的优树繁殖材料。实生苗种子园大区中使用的单亲或双亲家系间不能有亲缘关系。

第一代无性系种子园，面积在 10~30hm^2 的，应有无性系 50~100 个；面积在 31~60hm^2 的，应有无性系 100~150 个；面积在 60hm^2 以上的，应有无性系 150 个以上。实生苗种子园所用家系数应多于无性系种子园所用无性系数。第一代改良种子园所用无性系数量为第一代无性系种子园的 1/3~1/2。

2. 建园

(1)建园材料的繁殖。

接穗：从优树树冠中上部或采穗树上采集 1~2 年生枝条，松属、云杉接穗要带顶芽。按无性系捆扎包装，运输时要保湿、通风、防压、防高温。接穗要贮存于低温处，定期检查，防止干枯或萌动。

砧木：选用适于本地生长的同种优质种子培育，生长健壮、根系发达的 1~3 年生移植苗。枝接时砧木粗度应稍大于接穗或与接穗相仿。嫁接成活率高的树种和地区，可采用先定砧后嫁接的办法。

嫁接：一般常用髓心形成层对接法；松类、落叶松类也可用劈接、芽接；南方松可用针叶束嫁接。硬枝接穗在早春砧木萌动时嫁接，嫩枝最适宜在生长旺盛期嫁接。在南方应该避开高温季节。嫁接后适时松带、解带、护梢、砧木去萌。

(2)整地。种子园栽植地段要依据地类和建园需要进行清理。地势平坦的地方可全面整地。坡度虽较大，但坡面平整的山地可带状整地。

修筑水平阶或反坡梯田,定植穴为 60cm×60cm×50cm。山地采用块状整地或穴状整地,规格为 100(80)cm×100(80)cm×80(60)cm,穴内回填表土。整地在定植前 3~12 个月进行。定植时穴内施用基肥。

(3)栽植密度。根据树种生长特性、立地条件、种子园类型确定栽植密度。各主要树种的栽植株行距应符合规定。

(三)采穗圃

无性系造林、建立种子园等都需要大量种条。直接从优树、种子园、种质资源收集圃等植株上采条,数量较少,满足不了生产的需要,要有计划地建立采穗圃。

采穗圃是以优树或优良无性系作为材料,生产遗传品质优良的枝条、接穗和根段的林木良种繁殖圃。采穗圃根据无性系测定与否,可分为初级采穗圃和高级采穗圃。

在最佳种源地区内,选择土层深厚、土壤肥沃、灌溉方便的地方建设采穗圃,采穗圃的面积根据需要和圃地条件而定。以提供接穗为目的的采穗圃,一般培育成乔林式,株行距为 4~6m;以提供枝条和根段为目的的采穗圃,一般培育成灌丛式,株行距为 0.5~1.5m。采穗圃营建技术的中心环节是对采穗树的整形和修剪,并且根据不同树种常采用不同的措施。

三、林木种子生产技术

(一)林木采种

采种是一项技术性很强的工作,直接关系到种子生产任务的完成和种子的品质。要正确地掌握各树种种实成熟和脱落的一般规律,制定科学可行的采种计划,做好采种前准备工作,做到适时采种。

1. 采种林

采种林分为种子园、母树林、一般采种林、临时采种林等。其中,一般采种林是选择中等以上林分去劣疏伐,以生产质量合格的种子为目的的采种林。禁止从劣树和劣质林分中采种。

采种林分由县级以上林草主管部门组织认定。

2. 结实量预测预报

林木结实量预测一般在果实近熟期进行。根据需要，还可以在花期、幼果形成期进行。预测方法有目测分级法、实测法、平均标准木法、标准枝法、可见半面树冠估测法等。其中，可见半面树冠估测法在密度较大的林分中难以施行，该办法观测到的数值只作为某个地区结实丰歉的相对指标。林木结实量预测结果按树种、采种地区、采种林类别分别填写林木结实量预测预报表，将结果逐级上报。

3. 林木种子采集

采种前，根据种子需求量和林木结实量预测预报结果，并结合实地查看，确定当年采种林分的地点、面积和采种期，制定采种方案。采种期要向社会公布，严禁抢采掠青。采集方法根据种子成熟后散落方式、果实大小以及树体高低来决定，一般有以下几种：

(1) 地面收集。种子成熟后直接脱落或者需要打落的大粒种子直接从地面收集，如核桃、板栗等；散落后不易收集的中小粒种子，可在母树周围铺垫尼龙网再摇动母树，使种子落入网内。

(2) 树上采集。对于小粒种子或散落后易被风吹散的种子，如杨、柳、榆等，以及成熟后虽不立即散落，但不便于地面收集，如白蜡、椴树和大多数针叶树种，都必须在树上采种。

采得的果实在采集地点临时堆放，堆放不得过厚。应及时挂附采种临时标签，尽快运往调制场所进行调制。

(二) 种子调制

种子采集后，要尽快调制，以免发热、发霉，降低种子的品质。林木种子调制主要包括脱粒、干燥、净种、分级、包装。各类林木种子调制方法如下：

(1) 闭果类。成熟后不开裂、直接作为播种材料的果实，可以摊放在清洁干燥的通风处晾晒。安全含水量高、容易丧失生命力的只能适当阴干，直至含水量降到《林木种子质量分级表》(GB 7908—1999)的要求。采用风选、手选、筛选去杂净种。

(2) 裂果类。裂果类的调制分为自然干燥脱粒和人工加热干燥脱粒。自然干燥脱粒指将果实摊放在清洁干燥的通风处晾晒，经常翻动，根据果实特性，适当施加外力促进脱粒。马尾松球果可在晾晒前适当堆沤。人工加热干燥脱粒多用于球果类。含水量较高的球果在放入烘干室（窑）前应进行预干。预干时，温度不得超过35℃，人工加热干燥应控制温度。净种采用风选、手选、筛选等方法。

(3) 肉质果类。可选择堆沤淘洗或碾压淘洗，堆沤或碾压后及时淘洗、脱粒、阴干。净种采用水选、手选、筛选等方法。

调制出的种子质量应达到 GB 7908—1999 的要求，调制后要分种批填写产地标签。

(三) 贮藏

为了在一定时期内保持种子的生命力，需做好种子贮藏。根据种子特性和用种要求，种子贮藏分干藏和湿藏两大类。

长期贮藏大量种子时，应建造种子贮藏库。库房要牢固严实，隔热防潮、无洞无缝、能密闭、能通风；要配备干燥、净种、检验、测温测湿仪及防火、防鼠、灭虫、灭菌设施等。

(1) 干藏。将充分干燥的种子，置于一定低温和干燥环境中贮藏为干藏。干藏适合于安全含水量（维持种子生命力所必须的最低限度的含水量）低的种子，如大部分针叶树和杨树、柳树、榆树、桑、刺槐、白蜡等。干藏根据贮藏时间和方式，分为普通干藏和密封干藏。

(2) 湿藏。安全含水量高的种子，贮藏时必须保持其较高的湿度，才能保证其生命力。适于湿藏的种子，如板栗、栎类、银杏、七叶树、核桃、油茶等树种。一般情况下，湿藏还可以逐渐结束种子休眠，为发芽创造条件。湿藏的具体方法有坑藏、堆藏和流水贮藏等。湿藏期间要保持湿润、通气和适当的低温，定期定时定点测量记载温度、相对湿度、霉变和虫害情况，发现异常情况要及时采取措施。

(四) 种子品质检验

在种子采收、贮藏、调运及播种育苗时，进行种子品质检验，测定种子播种品质，正确判断使用价值，为合理用种提供依据。

1. 抽样

抽样是抽取有代表性的、数量能满足检验需要的样品，其中某个成分存在的概率仅仅取决于该成分在该种批中出现的水平。

(1)划分种子批。在一个县范围内采集的同一树种的种子，采种期相同，加工调制和贮藏方法相同，经过充分混合且不超过规定数量的称为一批种子或一个种子批。

(2)提取初次样品。从一批种子的不同部位或不同容器中，每次取出来的少量种子称为初次样品。为了使初次样品具有最大的代表性，取样的部位要分布全面、均匀，每次取样的数量要基本一致。

(3)混合样品。把从一批种子中取出的全部初次样品，均匀地混合在一起，成为混合样品。混合样品的重量一般不少于送检样品的10倍。

(4)送检样品。送检样品的重量以保证检验所需的数量为原则，各树种的送检样品的数量依种粒大小和轻重而不同。如净度测定样品一般至少应含2500粒纯净种子，送检样品的重量至少应为净度测定样品的2~3倍；种子健康状况测定用的送检样品重量至少为净度测定送检样品的1/2；含水量测定的送检样品，最低重量为50g，需要切片的种类为100g。

(5)实验室抽样。取得测定样品的方法是将送检样品充分混合并反复对半分取。具体方法包括四分法和分样器法。

2. 净度分析

净度是指测定样品中纯净种子重量占测定后样品各成分重量总和的百分数。种子净度是种子播种品质的重要指标之一，净度越高，说明种子品质越好。种子净度也是确定播种量和划分种子等级的重要依据。

3. 发芽测定

室内测定一粒种子发芽，是指幼苗出现并生长到某个阶段，其基本结构的状况表明它是否能在正常的田间条件下进一步长成一株合格苗木。发芽测定要每天或隔天做一次观察记载，记载项目包括正常发芽粒、异状发芽粒和未发芽粒。发芽测定结束时按规定计算发芽率。

4. 生活力测定

种子生活力是用染色法测得的种子潜在的发芽能力。有些树种的种子休眠期很长，需要在短期内确定种子的品质或者由于缺乏设备或其他条件的限制，不能进行发芽试验，可以用种子生活力测定替代发芽率来评定种子的质量。测定种子生活力的方法很多，其中以四唑和靛蓝进行染色效果较好。

5. 优良度测定

优良度测定是对休眠度长而目前又无适当方法测定生活力的种子，根据种子外观和内部状况尽快鉴定出种子质量，以确定其使用价值的过程。优良种子的特征包括种粒饱满，胚和胚乳发育正常，呈现该树种新鲜种子特有的颜色、弹性和气味。

6. 种子健康状况测定

为了解种子带病虫情况，防治病虫害传播，必须进行种子健康状况测定。首先，进行直观检查。将测定样品检查出菌核、霉粒、虫瘿、活虫及病虫害的种子，分别计算病虫害感染度。其次，进行种子中隐蔽害虫的检查。在送检样品中，随机抽取测定样品200粒或100粒，选用剖开法、染色法、比重法、X射线透视检查等方法进行测定。

7. 含水量测定

种子含水量是影响种子品质的重要因素之一，与种子安全贮藏有着密切关系。在种子贮藏前要测定含水量，贮藏过程中须定期检查含水量的变化情况。根据不同的烘干办法，含水量测定分为低恒温烘干法、高恒温烘干法和预先烘干法。其中，低恒温烘干法适用于所有的林木种子。

8. 重量测定

重量测定是指从纯净种子中抽取一定数量的种子称重，并计算每1000粒种子的重量。同一树种的种子重量反映了种粒的大小和饱满程度，重量越大，说明种粒越大越饱满，内部含有的营养物质越多，播种后育成的苗木也越健壮。种子的重量通常以"千粒重"来表示。

(五)种子休眠及催芽

种子成熟后便进入休眠。在播种前要进行种子催芽，是解除种子休眠、促进种子萌发和幼苗生长整齐的重要措施。

1. 种子休眠

种子休眠有两种情况：一种是由于得不到发芽所需要的基本条件，

如水分、温度和氧气等，若能满足这些基本条件，种子就能很快萌发。这种处于被迫情况下的种子休眠，称为强迫休眠，或叫浅休眠。如杨树、榆树、桑、栎类、油松、马尾松、云杉、杉木等种子。另一种是种子成熟后，即使有了适宜发芽的条件，也不能很快萌发或发芽很少，这种情况称为生理休眠，或称深休眠。如红松、白皮松、杜松、椴树、水曲柳、漆树、皂荚、山楂等的种子。通常所说的种子休眠，是指生理休眠。

2. 种子催芽

通过机械擦伤、酸蚀、水浸、层积或其他物理、化学方法，解除种子休眠，促进种子萌发的措施称为种子催芽。种子催芽方法很多，常规的有浸种催芽、层积催芽等。

（1）浸种催芽。是用水或某些溶液在播种之前浸泡种子，促进种子吸水膨胀的措施，适用于强迫休眠的种子。浸种的水温对催芽效果影响很大，树种不同，浸种水温各异。一般情况下，种皮越厚越致密，浸种水温越高。大多数种子浸种时间为 1~2d，种皮薄的只需数小时就可吸胀，种皮坚硬致密的需 3~5d 或更长时间。种子吸水后，捞出催芽。催芽期间，种子上面盖通气良好的湿润物，每天用洁净温水淋洗 2~3 次。经过以上处理，一般 5~7d 即可萌发。待 30% 左右胚根萌发露白时，即可播种。

（2）层积催芽。是将种子与湿润物（河沙、泥炭、锯末等）混合或分层放置，在一定温度下，经过一定时间，解除种子休眠，促进种子萌发的一种催芽方法。该方法适用于生理休眠的种子，也广泛适用于强迫休眠种子。

第二节　苗木培育

苗木是在苗圃中培育的，具有完整根系和苗干，用于造林绿化的树苗。苗圃育苗是实现以最低的成本、最短的时间，规范化培育高产优质苗木的基础，是造林绿化的重要环节。

一、苗圃建立

(一)圃地选择

苗圃地好坏直接影响苗木产量和质量以及苗木生产成本。圃地选择应考虑以下几个方面：

(1)地形地势。应选择地势平坦，自然坡度在3°以下，排水良好的地方。山地丘陵区因条件限制时，可选择在山脚下的缓坡地，坡度在5°以下。

(2)坡向。北方宜选在东南坡；南方宜选在东坡、北坡和东北坡；高山地区宜选择半阳坡的东南坡或西南坡。

(3)土壤。圃地土壤以团粒结构、质地较肥沃的砂质壤土或轻粒壤土；土层厚度在50cm以上，pH值以5~8为宜，其中针叶树圃地pH值以5~6.5为宜，阔叶树圃地以5~8为宜。

(4)水源。苗圃应选在水源充足，水中含盐量不超过0.15%，地下水位适宜的地方。如砂土地区地下水位在1~1.5m以下，沙壤土2.5m以下，黏性壤土4m以下。

(5)病虫害。地下害虫数量超过标准规定的允许量或有较严重的立枯病、根癌病等病菌感染的地方不宜选作育苗圃地。

(6)其他条件。交通方便，生产生活便利。

(二)土壤耕作

土壤是苗木的重要生存环境，是苗木吸收各种营养和水分的来源。为了培育出高产、优质的苗木，必须保持和不断提高土壤肥力，使土壤含有足够水分、养分和通气条件。整地、施肥、轮作是提高土壤肥力和改善土壤环境条件的三大土壤耕作措施。整地是用机械方法改善土壤的物理状况和肥力条件，轮作是用生物方法来改善土壤肥力因素，施肥是用化学和生物的方法改良土壤肥力。这3种措施在育苗生产中相互联系、相互促进，也相互制约。其中整地是基础，苗圃地只有通过深耕细整，才能更好地发挥轮作和施肥的效果，为苗木生长提供适宜的环境条件。

1. 整地

通过整地，使土壤结构疏松，增加土壤的通气和透水性；提高土壤蓄水保墒和抗旱能力；改善土壤温热状况，促进有机质分解。简言之，整地改善了土壤水、肥、气、热状况，提高了土壤肥力。同时还可翻埋草根、草籽，灭茬，混拌肥料，在一定程度上起到消灭病虫害的作用。整地环节包括平地、浅耕、耕地、耙地、镇压、中耕等。

2. 施肥

在苗木培育过程中，苗木不仅从土壤中吸收大量营养元素，而且出圃时还将大量表层肥沃土壤带走，使土壤肥力逐年下降。为了调整土壤肥力，弥补土壤营养元素不足，改善土壤理化性质，促进苗木生长发育，需进行科学施肥。施肥要坚持以有机肥为主，化肥为辅和施足基肥，适当追肥的原则，考虑气候条件、土壤条件、苗木特性和肥料性质，有针对性地施肥才能达到预期效果。

3. 轮作

轮作又称换茬或倒茬，即在同一块土地上把不同树种，或者把树种和农作物按一定顺序轮换种植。与连作相比，轮作的优越性主要有以下几点：充分利用土壤养分；改善土壤机构，提高土壤肥力；生物防治病虫害；减免杂草为害。但是，也有部分树种连作效果好，如松类、栎类等。因为这些树种有菌根，菌根可帮助植物吸收营养，而连作有利于菌根菌的繁殖。轮作的方式主要有树种与树种轮作，树种与农作物轮作，树种与绿肥轮作等。

二、育苗技术

(一) 播种育苗

结实量大、种子采收贮藏容易、种子发芽率高的树种常采用播种育苗。

1. 播种地安排

播种地要安排在土质好、灌溉方便、排水良好、便于管理的生产区内。松类、栎类树种宜连作，不能连作时，有条件的要人工接种菌根菌。对发芽出土难的珍贵树种和种子紧缺的树种可采取芽苗移栽,先播种于沙床中,子叶出土后,移植于圃地;对播种当年主根长侧根少或者苗木分化程度大的树种可采取小苗分床移植,先密播于圃地或沙床中,苗木进入生长初期后再分床移植。

2. 种子处理

播种前做好种子处理。处理程序:检斤→净种→检斤→发芽试验(或生活力测定)→消毒→催芽。随采随播的种子可不催芽。不同树种、品种、批号的种子,不能混杂处理。用不同方法处理的种子不能混播。

3. 播种期

根据育苗树种特性和当地气候条件,确定播种期。春季要适时早播,对晚霜敏感的树种应适当晚播;秋(冬)播种要在土壤结冻前播完,土壤不结冻地区,在树木落叶后播种;夏季成熟易丧失发芽能力的种子,随采随播。

4. 播种方法

微粒种子用撒播,小粒种子用撒播或宽幅条播,中粒种子用条播,大粒种子用点播或条播。撒播要均匀,条播要根据留苗密度确定播幅和行距,点播要根据留苗密度确定株行距。播种要尽量使用播种机具。覆土厚度要根据种粒大小、发芽类型、育苗地土质、播种季节和覆土材料确定。

5. 苗期管理

苗期管理措施主要有撤除覆盖物和遮阴、灌溉和排水、除草和松土、间苗和定苗等。

(1)撤除覆盖物和遮阴。有覆盖的育苗地,幼苗出土后,要及时分批撤除有碍苗木生长的覆盖物。对耐阴性强,易受日灼、干旱危害的播种苗,要在高温季节,分别不同情况,采取遮阴降温、保湿措施。高温季节过后及时撤除。对某些树种播种苗(落叶松杉木等)可全光育苗,采取灌水降低地表温度的办法防止日灼危害。

(2)灌溉和排水。根据苗圃的自然、经济条件,搞好排灌设施,采取喷灌、浇灌、滴灌、沟灌等方法。灌溉要适时适量,将水分均匀地分配在苗木根系活动的土层中。圃地发现有积水立即排除，做到内水不积，外水不淹。

(3)除草和松土。除草要掌握除早、除小、除了的原则。人工除草在地面湿润时连根拔除。使用除草剂灭草，要先试验后使用。松土除结合人工、机械除草进行外，降水灌溉后也要松土。松土要逐次加深，全面松到，不伤苗、不压苗。不能松土的撒播苗，在床面上撒盖细土。

(4)间苗和定苗。当年播种苗要及时间苗，拔除生长过于密集，发育不健全和受伤、感染病虫害的幼苗，使幼苗分布均匀。间苗的同时，对幼苗过于稀疏地段进行补栽。

(5)其他管理措施。对阔叶树苗，要控制少生侧枝，及时摘芽除蘖。主根发达，侧根少并不准备移植的播种苗，可进行截根。时间和深度要根据树种特性和苗木生长发育情况确定。截根后及时镇压、灌溉。

(二)扦插育苗

1. 种条种根的选用

硬枝种条应选择采穗圃母树上生长健壮的穗条或扦插苗当年生长的干条；幼、壮年树上当年生长健壮、节间距离较短的主轴枝或从根部萌生的当年生长健壮的萌芽条。

嫩枝种条应选择采穗圃母树上或其他幼年树木上生长健壮、半木质化的枝条。

种根应选择苗圃起苗切断和修剪下来的侧根或挖取幼、壮年树木周围的侧根。

2. 扦插前准备

硬枝种条和种根在晚秋或早春采取。采取后放于室内沙藏或窖藏。嫩枝种条在夏、秋的早晚或阴天采取。采取后要特别注意保鲜，做到随采、随截、随扦插。

扦插前将种条(根)按一定长度截制成插穗。插穗上至少有2个节间。针叶树种的硬枝和嫩枝插穗都要保留全叶。常绿阔叶树种的硬枝和嫩枝插穗的顶端保留1~3个叶片。插穗截制后，按粗度分级捆扎，及时扦插或妥善假植，防止失水。

3. 扦插

硬枝扦插除圃地湿度大，冻拔严重地区，不宜过早插植外，在早春土壤解冻后进行，土壤不结冻地区晚秋至早春可随时进行。按一定株行距直插于土中。寒冷干旱地区和土质疏松的圃地，插穗上端与地面平，温暖湿润地区和土质较黏的圃地，地面上可露出1~2个芽。插前圃地灌足底水，插后踏实插缝，勿使插穗在土壤悬空。

嫩枝扦插在夏秋早晚或阴天进行，插前剪去插穗入土部分的枝叶。扦插深度为穗长的1/3左右。在未成活前圃地要经常保持湿润。

根插在春季进行，直插的上端与地面平，或露出地面1~2cm，覆以土堆。如分不清根的上、下端，可平埋于土中。

生根缓慢和难生根的插穗，可用萘乙酸、吲哚丁酸等生长激素和水浸、沙藏进行催根再扦插或先插于沙（硅石）床中，待其生根成活后移植于圃地中。毛白杨也可先嫁接于其他易生根的杨树砧木上再扦插。

(三) 嫁接育苗

1. 砧木和接穗

选抗逆性强与接穗亲和力强的1~2年生阔叶树，2~4年生针叶树的壮苗做砧木。某些种粒大的树种，如核桃、板栗、油茶等，也可用芽苗做砧木。

接穗要从采穗圃或品质优良的母树上选生长健壮的当年生枝条，采下的枝条要及时贮存在低温湿润处，防止失水、霉烂和发芽。

2. 嫁接方法

根据树种特性、培育目的和季节，采取枝接、芽接和芽苗砧嫁接。

(四) 移植育苗

培育2年生以上的苗木，一般都要经过移植，除高寒地区外，播种后不能连续留床3年。移植育苗法是将苗木从原育苗地移栽到另一育苗地，继续进行育苗的方法。东北地区称换床，南方有的地方称分床。

1. 移植时间

移植一般在早春土壤解冻后或秋冬土壤结冻前进行。土壤不结冻地区，在苗木停止生产期间都可进行。幼苗分床移植，在苗木生长期间的阴天或早、晚进行。

2. 移植

先进行选苗、剪根（芽苗不剪根）处理，并剔除带有病虫害、机械损伤、发育不健全和无顶芽（针叶树）的苗木，然后按高、粗分级。

根据树种和培育目的，确定株行距，单位面积上定植的株树，要比计划产苗量多5%~10%。要做到分级栽植，根不干、不窝、栽正、踏实、栽后及时灌水。

（五）容器育苗

1. 育苗容器

育苗容器选择应有利于苗木生长，制作材料来源广，加工容易，成本低廉，操作使用方便，保水性能好，浇水、搬运不易破碎等。常用的容器包括塑料薄膜容器、无纺布、泥质容器、蜂窝状容器、硬塑料杯等。

育苗容器大小取决于育苗地区、树种、育苗期限、苗木规格运输条件以及造林地的立地条件等。在保证造林成效的前提下，尽量采用小规格容器。西北干旱地区、西南干热河谷和立地条件恶劣的、杂草繁茂的造林地适当加大容器规格。

2. 育苗基质

第一，容器育苗用的基质要因地制宜，就地取材并应具备下列条件：来源广，成本较低，具有一定的肥力；理化性状良好，保湿通气、透水；重量轻，不带病原菌、虫卵和杂草种子。

第二，根据培育的树种配制基质。配制基质的材料有黄心土（生黄土）、火烧土、腐殖质土、泥炭等，按一定比例混合后使用。培育少量珍稀树种时，在基质中掺以适量蛭石、珍珠岩等。配制基质用的土壤应选择疏松、通透性好的壤土，不得选用菜园地及其他污染严重的土壤。制作营养砖要用结构良好、腐殖质含量较高的壤土。制营养钵时在黄心土中添加适量砂土或泥炭。

第三，基质应添加适量基肥。用量按树种、培育期限、容器大小及基质肥沃度等确定，阔叶树多施有机肥，针叶树适当增加磷钾肥。有机肥应就地取材，要既能提供必要的营养又能起调节基质物理性状的作用。常用的有河塘淤泥、厩肥、土杂肥、堆肥、饼肥、鱼粉、骨粉等。有机肥要堆沤发酵，充分腐熟，粉碎过筛后才能使用。无机肥以复合肥、过磷酸钙或钙镁磷等为主。

第四，消毒及酸度调节。为预防苗木发生病虫害，基质要严格进行消毒。配制基质时还必须将酸度调整到育苗树种的适宜范围。

第五，菌根接种。用容器培育松苗时应接种菌根，在基质消毒后用菌根土或菌种接种。菌根土应取自同种松林内根系周围表土，或从同一树种前茬苗床上取土。菌根土可混拌于基质中或用作播种后的覆土材料。用菌种接种应在种子发芽后一个月，可结合芽苗移栽时进行。

3. 容器苗培育

本着"就近造林，就近育苗"的原则，育苗地应选在距造林地近、运输方便、有水源或浇灌条件、便于管理的地方。育苗地要平坦，排水良好，不能在种过番茄、薯类等的菜地育苗。山地育苗要选在通风良好、阳光较充足的半阴坡或半阳坡，不能选在低洼积水，易被水冲、沙埋的地段和风口处。

（1）整地作床。育苗地要清除杂草、石块，平整土地，做到土碎、地面平。营养砖育苗在作床前充分耕耙圃地，使之熟化。在平整的圃地上，划分苗床与步道，苗床一般宽 1~1.2m，长依地形而定，步道宽 40cm。育苗地周围要挖排水沟，做到内水不积，外水不淹。

（2）装填基质和摆放容器。基质要在装填前湿润，含水量 10%~15%。基质必须装实，装填无底薄膜容器时，更要注意把底部压实，使提袋时不漏土，基质装至离容器上缘 0.5~1cm 处。将装好基质的容器整齐摆放到苗床上，容器上口要平整一致，苗床周围用土培好，容器间空隙用细土填实。

（3）播种。容器育苗要选用良种或种子品质达到 GB 7908—1999 规定的二级以上种子。播种前种子要经过精选、检验、再消毒和催芽。容器育苗的播种期要根据育苗树种的特性、当地气候条件、育苗方式、培育期限、造林季节等因素确定。春季播种的地区要适当早播，西南干热河谷、华南宜秋冬播种。播种量根据树种特性和种子质量、催芽程度而定。容器内的基质要在播种前充分湿润，将种子均匀地播在容器中央，做到不重播、不漏播。播后及时覆土、浇水，覆土后至出苗要保持基质湿润。低温干旱地区，宜用塑料薄膜覆盖床面。鸟兽危害严重地区要采取防护措施。

(4) 移植。分为芽苗移植和幼苗移植。芽苗移植指将经过消毒催芽的种子均匀撒播于沙床上，待芽苗出土后移植到容器中。移植前将培育芽苗的沙床浇透水，轻拔芽苗放入盛清水的盆内，芽苗要移植于容器中央，移植深度掌握在根颈以上 0.5~1.0cm，每个容器移芽苗 1~2 株，晴天移植应在早、晚进行。移植后随即浇透水，一周内要坚持每天早、晚浇水，必要时还应适当遮阴。幼苗移植是指在生长季节，将裸根幼苗移植到容器内。移植 1 年生裸根苗在早春或晚秋休眠期进行，选苗干粗壮、根系发达、顶芽饱满、无多头、无病虫害、色泽正常、木质化程度好的壮苗，移植前要进行修剪、分级。移植时用手轻轻提苗，使根系舒展，填满土充分压实，使根土密接，防止栽植过深、窝根或露根，每个容器内移苗 1 株，移植后随即浇透水。

(5) 苗期管理。主要包括追肥、浇水、病虫害防治、间苗、除草以及其他管理措施。

(六) 组培育苗

植物组织培养是指在无菌条件下，将离体的植物器官、组织、细胞以及原生质体培养在人工培养基和人工控制的环境中，使其再生新植株的过程和技术。

1. 培养条件

根据林木特性确定具体林木组织培养的培养温度、光照强度和光周期。通常培养室温度设定为 25℃±2℃，光照强度在 1000~5000lx。光周期为光照 12~24h、黑暗 0~12h。需暗培养的材料，可用铝箔、黑色棉布等材料包裹容器周围，或置于暗室中培养。

2. 林木组织培养程序

(1) 稳定无菌培养体系建立。根据不同林木特性选取合适的外植体并确定相应的培养基,将体表灭菌后的外植体接种于诱导培养基中进行诱导培养产生茎芽。诱导培养基中含有适宜配比的生长素类和细胞分裂素类植物生长物质。

(2)稳定培养体系的增殖。根据植物特性选用合适的继代培养基,茎芽在继代培养基上增殖培养。茎芽增殖阶段的继代培养基应含有较高的细胞分裂素类和生长素类植物生长物质的配比。稳定无菌体系的继代培养不超过20~30代,保持遗传相对稳定性。

(3)不定根诱导。将达到一定长度的茎芽(>1.0cm)转移到生根培养基中诱导不定根。生根培养基中无机盐浓度一般为茎芽诱导培养基和增殖培养基中无机盐浓度的1/4~1/2,具有较高的生长素和细胞分裂素的比值,较低碳源水平。

(4)组培苗炼苗。当不定根长度达到0.5~1cm时可进行炼苗。炼苗温度宜控制在20~30℃、自然光下闭口炼苗7~15d,在闭口炼苗期间要防雨水,开口炼苗3~5d。

(5)组培苗移栽。炼苗后组培苗移栽时应小心取出生根苗,清水洗去苗基部的培养基,移栽至光照充足的温室或塑料大棚中,在移栽初期要适度遮光。宜选择疏松、透水、通气的珍珠岩、河沙、草炭、疏松肥沃土等配成的混合基质。在移栽初期要保持较高的空气湿度。

三、苗木出圃

(一)苗木调查

在苗木地上部分生长停止前后,按树(品)种、苗木种类、苗龄分别调查苗木质量、产量,为做好苗木生产、供销计划提供依据。苗木要求有90%的可靠性;产量精度达到90%以上;质量精度达到95%以上。

(二)起苗出圃

起苗出圃包括起苗、苗木分级、假植、包装和运输等工序。

1. 起苗

起苗时间要与造林季节相配合。冬季土壤结冻地区,除雨季造林用苗,随起随栽外,在秋季苗木生长停止后和春季苗木萌动前起苗。

起苗要达到一定深度，做到少伤侧根、须根，保持根系比较完整和不折断苗干，不伤顶芽（萌芽力弱的针叶树），根系最低留长度要达到《主要造林树种苗木》（GB 6000—1999）标准的规定。

起苗后要立即在蔽荫无风处选苗，剔除废苗。分级统计苗木实际产量。在选苗分级过程中，修剪过长的主根和侧根及受伤部分。

2. 假植

不能及时移植或包装运往造林地的苗木，要立即假植。秋季起出供翌春造林和移植的苗木，选地势高、背风排水良好的地方越冬假植。越冬假植要掌握疏摆、深埋、培碎土、踏实不透风。假植后要经常检查，防止苗木风干、霉烂和遭受鼠、兔危害。在风沙和寒冷地区的假植场地，要设置防风障。

在寒冷地区，春季萌发早的针叶树种苗木，应在温度-3~3℃、空气湿度85%以上、通风良好的冷库或地窖中贮藏越冬。

3. 包装和运输

运输苗木根据苗木种类、大小和运输距离，采取相应包装方法，保持根部湿润不失水。在包装明显处附以注明树种、苗龄、等级数量的标签。苗木包装后，要及时运输，途中注意通风。不得风吹、日晒，防止苗木发热和风干，必要时还要洒水。

第三节　种苗基地管理

为提高林木种苗生产能力，提高种苗高质量，应对种苗基地实施科学化、规范化管理。

一、档案管理

从事林木种子生产经营的单位和个人，应当依法建立、健全林木种子生产经营档案，保证可追溯。

（一）管理和实施主体

县级以上人民政府林草主管部门负责林木种子生产经营档案监督管

理工作，具体工作可以由其委托的林木种苗管理机构负责。

林木种子生产经营者应当健全档案管理制度，配备必要的设备，由专人管理。同时，应当建立和保存包括种苗来源、产地、数量、质量、销售去向、销售日期和有关责任人员等内容的生产经营档案。

(二) 档案内容

种苗基地的管理档案主要包括如下资料：

(1) 生产经营记录。生产记录，包括采种林或采穗圃的施肥、灌溉、中耕除草、病虫害防治、种子或穗条采集、调制、贮藏、种子产量等；苗木整地、播种(扦插、嫁接等)、间苗、定苗、移植、施肥、灌溉、中耕除草、病虫害防治等。经营记录，包括种子出入库记录表、树种(品种)、数量、销售去向、销售日期等。

(2) 证明种子来源、产地、销售去向的合同、票据、账簿、标签等。

(3) 自检原始记录、种子质量检验证书、检疫证明等。

(4) 林木种子生产经营许可证。

(5) 与林木种子生产经营活动相关的技术标准。

(6) 其他需要保存的文件资料等。

(7) 特殊种苗生产经营档案。生产经营林木良种的，还应当保存林木良种证明材料。生产经营转基因林木种子的，还应当保存转基因林木安全证书或者其复印件。生产经营植物新品种的，还应当保存品种权人的书面同意证明或者国家林业和草原局品种权转让公告、强制许可决定。实行选育生产经营相结合的企业，还应当保存林木品种选育的选育报告、实验数据、林木品种特征标准图谱(如叶、茎、根、花、果实、种子等的照片)及试验林照片等。

(三) 存档方法及要求

种苗基地档案应当分类分年度归档，妥善保存。对破损或者变质的档案进行及时修复；档案毁损或者丢失的，应当及时补齐原有内容。

档案保存期限按照国家和地方相关规定执行。林木良种、转基因林木种子生产经营档案应当永久保存。

档案记载的信息应当连续、完整、真实,不得用圆珠笔或者铅笔填写,不得随意涂改,签字、印章、日期等具有法律效用的标识要完备,并逐步实行电子化管理。

二、标签管理

标签是指印制、粘贴、固定或者附着在林木种子、包装物内外的特定图案及文字说明。标签标注的内容应当与销售的种子相符,林木种子生产经营者对标注内容的真实性和种苗质量负责。

(一)管理和实施主体

县级以上人民政府林草主管部门负责林木种子包装和标签的管理工作,具体工作可以由其所委托的林木种苗管理机构负责。

(二)标签内容

标签应当标注:种苗类别、树种(品种)名称、品种审定(认定)编号、产地、生产经营者及注册地、质量指标、重量(数量)、检疫证明编号、种子生产经营许可证编号、信息代码等。

(1)种子类别。应当填写普通种或者良种。

(2)树种(品种)名称。树种名称应当填写植物分类学的种、亚种或者变种名称;品种名称应当填写授权品种、通过审(认)定品种以及其他品种的名称。

(3)产地。应当填写林木种子生产所在地,应当标注到县。进口林木种子的产地,按照《中华人民共和国进出口货物原产地条例》标注。

(4)生产经营者及注册地。

(5)质量指标。籽粒质量指标按照净度、发芽率(生活力或优良度)、含水量等标注。苗木质量指标按照苗高、地径等标注,标签标注的苗高、地径按照95%苗木能达到的数值填写。

(6)重量(数量)。每个包装(销售单元)籽粒(果实)的实际重量或者苗木数量,籽粒(果实)以千克(kg)、克(g)、粒等表示,苗木以株、根、条等表示。包装中含有多件小包装时除标明总重量(数量)外,还应当标明每一小包装的重量(数量)。

(7)使用信息代码的。应当包含林木种子标签标注的内容等信息。

(8)需要加注的内容。销售授权品种种子的,应当标注品种权号。销售进口林木种子的,应当附有进口审批文号和中文标签。销售转基因林木种子的,必须用明显的文字标注,并应当提示使用时的安全控制措施。

(三)使用说明内容

(1)种子生产经营者信息。包括生产经营者名称、生产地点、经营地点、联系人、联系电话、网站等内容。

(2)主要栽培措施。

(3)适宜种植的区域。

(4)栽培季节。

(5)风险提示。包括种子贮藏条件、主要病虫害、极端天气引发的风险等内容及注意事项。

(6)其他信息。

(四)标签制作和使用

1. 标签制作

标签制作材料应当有足够的强度和防水性。标签标注文字应当清晰,使用规范的中文。标签印刷要清晰,可以直接印制在包装物表面,也可制成印刷品粘贴、固定或者附着在包装物外或者放在包装物内。可以不经包装进行销售的林木种子,标签应当制成印刷品在销售时提供给购买者。

(1)标签样式。分为种子标签和苗木标签两类。籽粒、果实、种球及根、茎、叶、芽、花等填写种子标签,苗木填写苗木标签。

(2)标签颜色。标签底色分绿色、白色两种。林木良种种子使用绿色标签,普通林木种子使用白色标签。标签印刷字体颜色为黑色。

2. 标签使用

包装销售的林木种子,每个包装需附带一个标签和使用说明;不需要包装销售的林木种子,每个销售单元至少附带一个标签和使用说明。

标签可以由林草主管部门统一印制免费发放,也可由种子生产经营者自行制作，但要符合《林木种子生产经营档案管理办法》规定。标签使用时应当加盖生产经营者印章。

(五)标签管理

各级林草主管部门应当加强对林木种子生产经营者执行林木种子包装、标签和使用说明等制度的监督管理。

有下列情况的之一的，按照《种子法》相关条款进行处罚：销售的林木种子与标签标注的内容不符或者没有标签的；销售的林木种子质量低于标签标注指标的；应当包装而没有包装的；没有使用说明或者标签内容不符合规定的；涂改标签的；种子生产经营者专门经营不再分装的包装种子，未按照规定备案的。

第四节　造林种子和苗木要求

一、造林用种规定

(一)一般原则

应采用具有林木种子生产经营许可证、植物检疫证书、质量检验合格证书、种子标签的种子、苗木以及其他优良种植材料。

(1)优先采用种子园、母树林、采穗圃等生产的优良种质材料。

(2)优先采用优良种质材料培育的优质壮苗。

(3)不应使用来源不清、长距离调运、未经检疫、未经引种试验的种子、苗木和其他繁殖材料。

(4)0.067 hm^2 以上的成片造林不宜使用胸径 5cm 以上的树木。

(二)种子

造林种子应满足以下要求：一是播种造林种子质量应按照 GB 7908—1999 的规定执行；二是宜使用同一种子区的种子。跨种子区或大跨度调拨种子应先进行种源试验。由北向南调拨种子不宜跨纬度 3°，由南向北调拨不宜超过纬度 2°，东西向调拨经度不宜超过 16°。

1. 种子区

种子区是生态条件和林木遗传特性基本类似的地域单元，也是用种的基本单位。种子亚区是在一个种子区内部,为控制用种的需要所划分的次级单位。

2. 种子区划

我国在经过大量种源试验的基础上,依据各树种的地理分布、生态特点、树木生长情况、种源等综合分析结果,于1988年制定并颁布实施了《中国林木种子》(GB/T 8822—1988),对油松、杉木、红松、华山松、樟子松、马尾松、云南松、兴安落叶松、长白落叶松、华北落叶松、侧柏、云杉、白榆13个主要造林树种进行了种子区和种子亚区的区划。如油松,以油松天然分布区为区划范围,共划分为9个种子区22个种子亚区。

用种单位应以种子区为基本用种单位,在某种子区内造林,应当采用本种子区的种子。优先采用造林地点所在的同一亚区的种子。本种子区的种子不能满足造林需要时,经上级批准,可按照区际调拨允许范围的规定使用其他种子区的种子。

(三)苗木

1. 裸根苗

裸根苗应使用GB 6000—1999规定的Ⅰ、Ⅱ级苗木,优先使用优良种源、良种基地的种子培育的苗木以及优良无性系苗木。GB 6000—1999没有规定的树种,应参照相应的行业标准或地方标准、造林作业设计中的用苗要求。

2. 容器苗

参照第二节苗木培育中育苗技术(五)容器苗的相关要求。

(四)种条

(1)插条。应满足以下要求:宜选用管理规范、质量可信的采穗圃、苗圃培育的插条;宜从优良母树根基萌发的幼化枝条上选取插条;根部容易萌生不定芽的树种,可从发育健壮的母树根部挖取。

(2)插干。可进行插干造林的树种,宜选用1~3年生枝干。竹蔸为带蔸并截去竹尾的母竹,竹鞭为竹子的地下茎。

二、林木种子质量分级

种子质量分为 3 级。以种子净度与发芽率、或与生活力、或与优良度和含水量的指标划分等级。等级各相关技术指标不属于同一级时,以单项指标低的定等级。《林木种子质量分级》(GB 7908—1999)中对 149 个树种的种子质量分级指标进行规定。

三、主要造林树种苗木质量分级

《主要造林树种苗木质量分级》(GB 6000—1999)主要根据苗高、地径、根系状况及综合控制条件等,对 90 个树种的苗木质量进行了分级。

(一)苗木质量指标

(1)苗龄。是苗木的年龄,指从播种、插条或埋根到出圃,苗木实际生长的年龄。以经历 1 个年生长周期作为 1 个苗龄单位。

苗龄用阿拉伯数字表示,第一个数字表示播种苗或营养繁殖苗在原地的年龄;第二个数字表示第一次移植后培育的年数;第三个数字表示第二次移植后培育的年数,数字间用短横线间隔,各数字之和为苗木的年龄,称几年生。如:

1-0 表示一年生播种苗,未经移植。

2-0 表示二年生播种苗,未经移植。

2-2 表示四年生移植苗,移植 1 次,移植后继续培育 2 年。

2-2-2 表示六年生移植苗,移植 2 次,每次移植后各培育 2 年。

0.2-0.8 表示一年生移植苗,移植 1 次,2/10 年生长周期移植后培育 8/10 年生长周期。

0.5 表示半年生播种苗,未经移植,完成 1/2 年生长周期的苗木。

$1_{(2)}$-0 表示一年干二年根未经移植的插条苗、插根苗或嫁接苗。

$1_{(2)}$-1 表示二年干三年根移植一次的插条、插根或嫁接移植苗。

注:括号内的数字表示插条苗、插根苗或嫁接苗在原地(床、垄)根的年龄。

(2)苗批。同一树种在同一苗圃,用同一批繁殖材料,采用基本相同的育苗技术培育的同龄苗木，称为一批苗木(简称苗批)。

(3)地径。苗木地际直径，即播种苗、移植苗为苗干基部土痕处的粗度；插条苗和播根苗为萌发主干基部处的粗度；嫁接苗为接口以上正常粗度处的直径。

(4)苗高。自地径至顶芽基部的苗干长度。

(5)苗木新根生长数量。将苗木栽植在其适宜生长的环境中经过一定时期后，所统计的新根生长点的数量，简称 TNR。

(二)苗木分级

合格苗木以综合控制条件、根系、地径和苗高确定。

(1)综合控制条件达不到要求的为不合格苗木，达到要求者以根系、地径和苗高三项指标分级。

(2)综合控制条件为：无检疫对象病虫害，苗干通直，色泽正常，萌芽力弱的针叶树种顶芽发育饱满、健壮。充分木质化，无机械损伤，对长期贮藏的针叶树苗木，应在出圃前 10~15d 开始测定苗木 TNR，TNR 值应达到相应树种的要求。

(3)分级时，先看根系指标，以根系所达到的级别确定苗木级别，如根系达 Ⅰ 级苗要求，苗木可为 Ⅰ 级或 Ⅱ 级；如根系只达 Ⅱ 级苗的要求，该苗木最高也只为 Ⅱ 级。在根系达到要求后按地径和苗高指标分级，如根系达不到要求则为不合格苗。

(4)合格苗分 Ⅰ、Ⅱ 两个等级，由地径和苗高两项指标确定，在苗高、地径不属同一等级时，以地径所属级别为准。

(5)苗木分级必须在背阴避风处，分级后要做好等级标志。

(三)检测方法

1. 抽样

起苗后苗木质量检测要在一个苗批内进行，采取随机抽样的方法进行抽样检测。成捆苗木先抽样捆，再在每个样捆内各抽 10 株；不成捆苗木直接抽取样株。

2. 检测

(1)地径用游标卡尺测量，如测量的部位出现膨大或干形不圆，则测量其上部苗干起始正常处，读数精确到0.5cm。

(2)苗高用钢卷尺或直尺测量，自地径沿苗干量至顶芽基部，读数精确到1cm。

(3)根系长度用钢卷尺或直尺测量，从地径处量至根端，读数精确到1cm。

(4)根幅用钢卷尺或直尺测量，以地径为中心量取其侧根的幅度，如两个方向根幅相差较大，应垂直交叉测量两次，取其平均值，读数精确到1cm。

(5)长度大于5cm的一级侧根数是统计直接从主根上长出的长度在5cm以上的侧根条数。

(6)TNR的测量：将随机抽取的30株苗木用河沙进行盆栽，置于最适生长环境(白天温度25℃±3℃，光照12~15h，夜间温度16℃±3℃，黑暗9~12h，空气相对湿度60%~80%)下培养，2~4d浇一次水，依树种经过一定天数后将苗木小心取出，洗净根系的泥沙，统计新根生长点(颜色发白)数量。

苗木检测工作应在背阴避风处进行，注意防止根系失水风干。

(四)检验规则

(1)苗木成批检验。

(2)检验工作限在原苗圃进行。

(3)苗木检验允许范围，同一批苗木中低于该等级的苗木数量不得超过5%。检验结果不符合规定的，应进行复检，并以复检结果为准。

(4)检验结束后，填写苗木检验证书。凡出圃的苗木，均应附苗木检验证书，向外县调运的苗木要经过检疫并附检疫证书。

第三章

人工造林

　　古代人类进入农耕社会之前，地球上有足够的森林为人类提供庇护和物产，没有造林绿化、培育森林的需求。人类进入农耕社会之后，特别是进入较为发达的封建社会之后，由于农垦及放牧的侵占、大兴土木的消耗、战争屯垦的破坏以及薪柴燃料的樵采等，森林面积迅速缩小，森林质量不断下降。我国长期处于农耕文明和数千年的封建社会时代，森林破坏历史更长，对森林的破坏程度更严重。森林严重破坏带来的灾难性后果促使人们提出了造林绿化和保护、恢复和重新培育森林的需求。早在2000多年前，我国古代就有了关于植树造林的记载。《汉书·贾山传》记载秦始皇"为驰道于天下，道广五十步，三丈而树，树以青松"；《汉书·韩安国传》记载秦将蒙恬"以河为竟，累石为城，树榆为塞"；西汉《氾胜之书》、北魏《齐民要术》和明代《群芳谱》等古代重要的农学著作中都对植树造林的技术有了较为详尽的记述。我国古代在种桑养蚕、经济林木栽培、植树造园等方面都有许多独到的技艺，可追溯上千年历史，积累了丰富的经验，但是，这些知识和经验的积累还处于零散无系统的状态。

　　18世纪以来，欧洲文艺复兴促进了科技发展，催生了第一次产业革命。产业革命导致的工业化、城市化发展对森林造成了更大的破坏，生态环境逐渐恶化，使人们产生了造林绿化、恢复和培育森林的强烈需求。到19世纪中叶，欧洲各国的工业化进程使得森林遭受了更加严重的破坏，森林资源降到低谷。随着人们对森林作用的认识不断提高以及森林培育的技术进步和生产实践成功，以德国、瑞士、法国等为代表的欧洲国家逐步进入加快造林绿化、恢复和培育森林的发展新阶段；美国随着新大陆殖民发展的推进，到20世纪初也进入由破坏森林向恢复培育森林资源的转折阶段。在森林逐步恢复发展的进程中，森林培育的理论和实践得到了很大的丰富和提高，到20世纪上半叶，世界上出现了几部森林培育学名著，如美国Hawley R. C. 所著的 The Practice of Silviculture、Toumey J. W. &Korstian C. F. 所著的 Seeding and Planting in the Practice of Silviculture，日本本多静六所著的《造林学要论》，英国Dengeler A. 所著的 Silviculture on an Ecological Basis 等。我国近代科学技术落后，包括森林培育学在内的林学发展比较缓慢，直到20世纪20年代以后才陆续由一批从欧洲国家、美国、日本等留学归国的学者对西方森林培育学进行了比较系统的介绍，如陈嵘先生于1933年完成出版的《造林学概要》和《造林学各论》，郝景盛先生1944年完成出版的《造林学》。西方森林培育学名著以及我国学者的著作介绍的森林培育理论和实践知识，对于我国人工造林、森林培育的理论发展和生产实践产生了很大影响。

中华人民共和国成立以来，为快速增加林草植被，抵御和减缓水土流失、风沙水旱等自然灾害，我国开展了大面积造林绿化，在风沙水旱灾害严重的山区、沙区、平原、沿海等地区大力推进防护林体系建设。老一代留学美国学者和一批留学苏联青年学者在学习、引进、消化西方林业发达国家先进的造林绿化、森林培育理论和技术基础上，结合中国造林生产实践开展了自己的科学研究，形成了一批标志性的有中国特色的森林培育学专著，如由华东华中协作组（以马大浦为主）编写的《造林学》教材（1959）、北京林学院造林教研组（沈国舫为编写组组长）编写的全国统编教材《造林学》（1961）、由中国树木志编委会（郑万钧主编，沈国舫、许慕农为主要助手的庞大作者群）组织编写的《中国主要树种造林技术》（1978）等，为我国大面积开展造林绿化提供了科学指导。改革开放以来，我国林业事业蓬勃发展，持续40多年开展大面积造林绿化，特别是在速生丰产林、防护林体系建设以及各种经济林栽培等方面有了快速发展。国家科委（现科技部）、林业部（现国家林业和草原局）等有关部门连续多年组织开展科技攻关和重点研究项目,在造林绿化、森林培育的各个领域进行了大规模的实验和研究,由黄枢和沈国舫主编的《中国造林技术》(1993)、俞新妥主编的《杉木栽培学》(1997)、沈国舫等主编的《森林培育学(第一版)》(2001)、沈国舫和翟明普主编的《森林培育学(第二版)》(2011)等专著出版,大大提高了我国造林绿化和森林培育的科技水平,树种选择、混交林营造、干旱地区造林、石质山区造林、防护林体系建设、无性系育苗、杉木等速生丰产林栽培、竹藤培育等方面都已进入国际先进行列。经过几代森林培育学者、专家和各领域林业工作者的不懈努力,具有中国特色的森林培育学理论和技术体系基本建立,工程管理经验和生产实践知识更加丰富,为科学推进造林绿化事业发展奠定了坚实的基础。

第一节 基本原则和造林分区

一、基本原则

人工造林是我国最重要的造林绿化方式,是指在适宜造林的无林地、疏林地、灌木林地、迹地和需要调整改善林分结构的林冠下通过人工措施营建、恢复和改善森林的过程。造林活动应坚持尊重自然、顺应自然、保护自然,充分利用自然修复力并辅以科学合理的人工促进措施。为科学规范造林绿化行为,造林活动应遵循以下基本原则:

(1)坚持生态优先。造林活动不应对自然生态系统形成不可逆的不利影响,充分保护造林地上已有的天然林、珍稀植物、古树和野生动植物栖息地。

(2)明确造林目标。造林活动应确定主导功能、生长、产出和生态经济效果,发挥森林的多种功能。

(3)坚持因地制宜、分区施策。分别造林区域、造林地的地形、土壤、植被等立地因子,划分立地类型,进行立地质量评价,以此作为适地适树的基础,提高造林效果。

(4) 遵循森林植被生长的自然规律。根据造林目标和树种的生物学特性，选择造林方式、造林方法，设计造林模式。

(5) 运用多样化的乡土树种营造健康森林。优先选择乡土树种，实行多树种造林、乔灌草搭配，积极营建混交林，避免大面积集中连片营造纯林，促进森林健康稳定。

(6) 积极采用良种壮苗。采用优质种子或优质种子培育的优质苗木，实现人工林的遗传控制，保证人工林的生产力，提高抗逆性。

(7) 积极采用先进技术。引进和推广成熟的新技术、新成果、新材料，使用节水节地造林技术，坚持以水定绿、量水而行，充分考虑旱区水资源承载力，合理利用水资源开展造林绿化。

二、造林分区

我国地域辽阔、气候类型多样、地理条件复杂，各地经济技术条件、自然资源禀赋、适宜造林树种等差异很大，立地条件千差万别。为科学开展造林活动，考虑不同区域的森林生长发育演替规律及森林培育的特点，根据森林培育普遍原理和区域发展非均衡理论，参照全国气候区划，依据影响林木生长的积温、降水、干燥度等条件，关注西部地区的水资源承载力，将全国划分为寒温带区、中温带区、暖温带区、亚热带区、热带区、半干旱区、干旱区、极干旱区、高寒区9个造林区域。

（一）寒温带区

(1) 自然气候特点。本区属大兴安岭北部山系，地貌类型以山地丘陵为主。气候属寒温带季风区，为显著大陆性气候。属于东西伯利亚植物区系，区内植物种类贫乏，寒温带明亮针叶林是本区的主体部分。本区≥10℃的天数<105d，≥10℃年积温<1600℃，降水量<450mm，极端低温<-45℃。

(2) 区域范围。本区西北界和东北界为陆地国界线；东南界依据≥10℃年积温1600℃等值线；西南界依据400mm降水等值线，≥10℃年积温1600℃等值线，并参照寒温性树种兴安落叶松的分布而定。范围包括黑龙江省西北部、内蒙古自治区东北部。

(二)中温带区

(1)自然气候特点。本区地貌以山地丘陵和平原为主体,其中山地是东北中温带针阔叶混交林的主要分布区,本区的东北平原,又称松辽平原,由松嫩平原、辽河平原和松辽分水岭地带组成,是我国三大平原之一。本区气候具有海洋湿润型温带季风气候的特征。植物区系为长白植物区系分布区的核心部分,地带性植被为温带针叶落叶阔叶混交林,最主要的特征是由红松为主构成的针阔叶混交林,区内植被的垂直分布也较明显。本区≥10℃的天数106~180d,≥10℃年积温1600~3400℃,降水量400~700mm,极端低温-45~-25℃。

(2)区域范围。本区西北界与寒温带区相接;东北界、东界为陆地国界线;南界走向基本按≥10℃年积温3400℃等值线;西部以海拉尔—齐齐哈尔—大兴安岭东麓一线为界与半干旱区相接。行政范围涉及黑龙江、吉林省中东部、辽宁省、内蒙古自治区东北部。

(三)暖温带区

(1)自然气候特点。本区地处我国第三、第二阶梯上,从渤海、黄海之滨的海平面向西递升到黄土高原。从北到南分布着辽河、海河、黄河和淮河四大水系。地势是西高东低,由于地形的影响,温度东高西低,由海洋季风型气候向大陆季风型气候转变。总的特点是,春季干旱多风,夏秋炎热多雨,冬季寒冷干燥。山地、丘陵、盆地、平原并存,大部分地区光热条件较好,森林景观为冬季落叶的阔叶林。本区≥10℃的天数181~225d,≥10℃年积温3100~4800℃,降水量400~1000mm,极端低温-25~-5℃。

(2)区域范围。其北界与中温带区和半干旱区相接;东界以海岸线为界线(含沿海岛屿);南界基本按≥10℃年积温4800℃等值线;西界基本按年降水量400mm等值线。行政区域包括辽宁、北京、天津、河北、山东、山西、陕西、河南、宁夏、甘肃、江苏、安徽12个省(自治区、直辖市)。

(四)亚热带区

(1)自然气候特点。本区地貌的类型复杂多样,平原、盆地、丘陵、高原和山地皆有，北部和中部的地貌单元可分为秦岭、淮阳山地、四川盆地、青藏高原东南部、长江中下游平原和江南丘陵、东南沿海丘陵；南部的地貌单元可分为云贵高原、南岭山地和台湾山地、丘陵、平原及列岛。本区整体上属东亚的亚热带季风气候，在西部由于青藏高原、云贵高原强烈隆升，打乱了热量地带性分布规律，气候垂直变化明显，从低到高、从南到北依次出现高原亚热带、温带、寒带等气候类型。从整体上讲，东南部气候受海洋季风影响较大，越往西、北部，气候的大陆性越强，气温逐渐降低，降水逐渐减少，呈现出从温暖湿润逐步向寒冷干旱过渡的气候特征。本区春夏高温、多雨，而冬季降温显著，但稍干燥。区域降水量比较多，总体规律是由东、南向西、北逐渐减少。本区东部和中部属于中国湿润、半湿润森林带，亚热带东部湿润常绿阔叶林区域和亚热带西部半湿润常绿阔叶林区域。区系组成以中国、日本植物亚区的中国南部亚热带湿润森林植物区系为主，西部青藏高原东南部及云贵高原属泛北极植物区的中国—喜马拉雅森林植物亚区。本区中东部区域≥10℃的天数>226d，≥10℃年积温4800~8000℃，降水量1000~1700mm，极端低温-10~10℃；而本区西北部位于青藏高原东南部区域，≥10℃的天数>50d，≥10℃年积温>3000℃，降水量>500mm。

（2）区域范围。本区地处华东、华中、华南、西南以及青藏高原东南局部地区。西北界以森林分布线为主要指标与青藏高原相接，北界沿秦岭山脊自东至伏牛山主脉南侧，转向东南，沿分水岭至淮河主流，通过洪泽湖；东界为东南海岸和台湾岛以及所属的沿海诸岛屿；南界大致是在北回归线附近，根据8000℃积温线，以南岭南坡山麓、广东广西中部和福建东南沿海、台湾北部为界，与热带区相邻；西南界为陆地国界线。在行政区域上，本区共涉及西藏、青海、甘肃、陕西、河南、安徽、江苏、上海、四川、重庆、湖北、浙江、贵州、湖南、江西、福建、云南、广西、广东、香港、澳门、台湾22个省（自治区、直辖市、特别行政区）。

（五）热带区

（1）自然气候特点。本区处在我国地势的第二和第三台阶上，西高东低，明显分为东西两个不同的部分。地貌类型复杂多样，以山地、丘陵为主，大陆地区有雷州半岛和平原、台地、盆地、谷地等。属于热带季风气候，受东南季风和西南季风影响，气候高温多雨，与典型热带气候相比，具有明显的旱季。在植物地理分区中基本属于古热带植物区，其植物区系组成以热带东南亚成分为主体，其次是热带的其他成分和亚热带成分，温带成分极少，仅见于热带山地的高海拔处。地带性森林植被为热带季雨林、雨林。本区≥10℃的天数365d，≥10℃年积温>7500℃，降水量>1700mm，极端低温10~18℃。

（2）区域范围。本区位于我国南方热带地区，北界与亚热带区相接，东、南、西界均为国界线。行政范围共涉及西藏、云南、广西、广东、海南和台湾6个省（自治区、直辖市）及南海诸岛。

（六）半干旱区

（1）自然气候特点。本区地貌呈以高原为主，山地、丘陵、平原和风沙地貌相间分布的复杂格局。本区深居内陆，全境属中温带大陆性气候，干旱少雨且时空分布不均，水资源短缺且地域分异突出，光热资源较丰富且过渡明显，风大风多且灾害严重。地带性植被与地理气候条件一样呈现明显的过渡性，分为森林草原地带和草原地带。植物区系以中亚东部成分和蒙古草原成分为主。本区≥10℃的天数106~180d，降水量200~500mm，年干燥度1.5~3.5，年降水量为200~500mm。

（2）区域范围。本区位于4000m高原面以东的地区，包括海拉尔、齐齐哈尔、大兴安岭东麓、燕山、太行山、陕北、甘宁南部一线以西，锡林郭勒、呼和浩特、贺兰山、日月山一线以东的广大地区。此外，新疆北部天山山脉北麓、阿尔泰山脉、准噶尔盆地西部也属半干旱区。共涉及北京、天津、河北、山西、内蒙古、辽宁、吉林、黑龙江、山东、河南、四川、云南、西藏、陕西、甘肃、青海、宁夏、新疆18个省（自治区、直辖市）。

（七）干旱区

（1）自然气候特点。本区属半荒漠地带，地域辽阔，地貌类型多样，高原、山地、沙漠、戈壁广泛分布，还有大面积发达的农业灌区。

乔木林主要分布在山地，荒漠、半荒漠天然灌丛广泛分布。本区域东西、南北跨度大，包括暖温带、中温带、高原温带和高原亚寒带，气候相对复杂。太阳辐射强，昼夜温差大，夏季干热，冬季寒冷，大风日数多、沙尘暴频发。降水稀少、变率大，大部分地区年降水量100~250mm，降水主要集中在夏季，天然植被以灌木、草本为主，山地、河流两岸分布有乔木树种。本区≥10℃的天数106~225d，降水量100~250mm，年干燥度3.5~20。

（2）区域范围。本区位于4000m高原面以北的地区，包括新疆的准格尔盆地、塔里木盆地西北部、巴里坤山以北地区、天山、昆仑山，青藏高原北部，甘肃的河西走廊，宁夏北部以及内蒙古高原中西部。

（八）极干旱区

（1）自然气候特点。本区处于欧亚大陆深处，是我国气候最干旱的地区，降水稀少、蒸发量大、日照多、太阳辐射强、昼夜温差大、夏季干热、冬天寒冷、多大风、沙尘暴频发是本地区气候显著特点。本区大部分区域年降水量不足100mm，塔克拉玛干沙漠腹地、哈密、敦煌、柴达木东部等地不足50mm，降水主要集中在夏季。本区域地表水资源匮乏，仅靠盆地周边山地的降水及冰川融水形成的季节性河流滋润着绿洲，山前平原贮藏着较丰富的地下水资源。本区≥10℃的天数106~225d，降水量<100mm，年干燥度>20，年降水量<100mm。

（2）区域范围。本区位于4000m高原面以北的地区，包括新疆的塔里木盆地东南部、吐哈盆地、昆仑山北麓，甘肃的安西—敦煌盆地，以及内蒙古阿拉善高原的西部。

（九）高寒区

（1）自然气候特点。本区是地球上最强烈的隆起区——青藏高原，有世界上著名的巨大山脉、江河、众多的湖泊和大面积的冰川，发育有高山、高原、盆地等各种地貌类型。属于高原气候，总体特征表现为，空气稀薄，日照充足，太阳辐射强，气温低，日较差大，年变化较小。植物区系属于泛北极植物区中的青藏高原植物亚区，由于环境条件限制了植物区系的发生与发展，通常由东南向西北地势越高、种类越少，区系起源越年轻。本区的植被分布呈现明显的水平地带性规律,由东南向西北依次是:高寒灌丛(4000~4500m)、高寒草甸(4000~4500m)、高寒草原(4500~5000m)、高寒荒漠(5000m以上)。本区≥10℃的天数<50d,降水量<400mm,海拔>4000m。

(2)区域范围。本区北界、东界以4000m高原面与第二台阶分开;南界以森林分布带分开;西界为陆地国界线。本区范围包括青海省、西藏自治区大部分地区,新疆维吾尔自治区、甘肃省和四川省小部分地区。

9个造林分区所包括的省级和县级行政区域,参见《造林技术规程》(GB/T 15776—2016)。

第二节 人工造林技术要求

一、造林树种选择

人工造林是建立和恢复森林生态系统的重要措施,依据生态经济学原理,筛选不同区域适宜的造林树种,是保证造林成效的基础。

(一)选择原则

造林树种选择应以定向、稳定、丰产、优质、高效等为导向,遵循以下原则:①根据水热条件和树种的生态学特性,选择与造林立地条件相适应的树种;②根据森林主导功能选择适合于经营目标的树种;③优先选择优良乡土树种;④慎用外来树种,需要引进外来树种时,应选择经引种试验并符合《林木引种》(GB/T 14175—1993)规定的树种;⑤对容易引起地力衰退的速生树种,种植一、二代后,应更换其他适宜造林树种。

(二)选择要点

根据防护林、用材林、经济林、能源林、特种用途林五大林种的主导功能,树种选择应符合以下要求。

1. 防护林

(1)根据防护对象选择适宜树种,应具有生长快、防护性能好、抗逆性强、生长稳定等优良性状。

（2）营造农田防护林及经济林园、苗圃和草（牧）场防护林的主要树种应具有树体高大、树冠适宜、深根性等特点。经济林园防护林树种应具有隔离防护作用且与林园树种无共同病虫害或非中间寄主。

（3）风沙地、盐碱地和水湿地区的树种应分别具有相应的抗逆性。

（4）在旱区应优先选用耐干旱、耐盐碱的灌木树种、亚乔木树种。

（5）严重风蚀、水蚀地区，应选择根系发达和固土能力强的树种。

2. 用材林

用材林应具有树干通直、生长快、产量高、抗病虫害等性状，以及符合用材目的、适应特定工艺要求等经济特性，优先选用珍贵用材树种。

3. 经济林

经济林是以生产除木材以外的果品、食用油料、工业原料和药材等林产品为主要目的的森林，常见的如板栗、核桃、八角、杜仲、油茶、油橄榄、大枣等。《名特优经济林基地建设技术规程》（LY/T 1557—2000）对主要经济林树种及其适生条件做了详细说明，按照 LY/T 1557—2000 的规定执行。

4. 能源林

（1）适应性强。

（2）木质燃料林树种应具有生长快、生物量高、萌芽力强、热值高、燃烧性能好等特性。

（3）油料林树种应具有结实早、产量高、出油率高等特性。

5. 特种用途林

特种用途林应以国防林、实验林、母树林、环境保护林、风景林、名胜古迹和革命纪念地的林木、自然保护林的主要功能目标，充分考虑与主导功能及周边环境的协调性，确定造林树种。

二、树种配置

树种配置要结合树木生物学、生态学特性进行，更好地发挥生态、经济、社会最佳效益。

(一)一般原则

(1)积极营造混交林,避免集中连片营造单一树种纯林。

(2)维护和丰富生物多样性,积极推进多样化乡土树种、乔灌草搭配造林绿化。

(3)优化空间配置,相邻地块宜采用有互助作用、无相互感染病虫害的不同树种。

(二)纯林

1. 适用条件

①培育短周期工业原料林、速生丰产林、经济林等;②生态学特性适于单一树种栽培的;③以景观营建、科学研究等为目的需要单一树种栽培的。

2. 配置要求

①同一树种或同一造林模式集中连片面积不宜超过 $100hm^2$;②同一树种或同一造林模式在同一造林年度集中连片面积不宜超过 $20hm^2$;③两片同一树种或品系造林地块间应有其他树种、天然植被或非林地形成缓冲,林地形成的缓冲区间不少于50m。

(三)混交林

根据树种的生态位、种间竞争关系,选择适宜的树种进行混交,构成多层次、多树种混交的森林群落,是保证人工林顺利成林,提高森林质量和稳定性,实现森林多种效益的重要措施。

1. 适用条件

①以防护为目的;②以培育大径材为目的、需要长周期培育的;③生物学特性宜混交、伴生的;④单一树种栽培易引发病虫害、火灾等灾害的;⑤造林地上有培育前途的天然幼苗、幼树较多的。

2. 配置要求

(1)应根据树种生物学特性和立地条件,选择适应性、抗逆性和种间相协调的树种混交,宜针叶树种与阔叶树种、落叶树种与常绿树种、喜光树种与耐阴树种、固氮树种与非固氮树种、深根性树种与浅根性树种、乔木树种与灌木树种等混交。

（2）应根据立地条件、培育目标和种间关系等因素选择点状、行状、块状等适宜混交方式，也可与造林地上已有的幼苗、幼树随机配置形成混交林。

（3）应采用多树种混交。热带区、亚热带区造林小班，树种组成宜5种以上。寒温带、中温带、暖温带区，面积 $1hm^2$ 以上的造林小班，组成树种宜3种以上；面积 $1hm^2$ 以下的造林小班，以及半干旱区、干旱区、高寒区的造林小班，组成树种宜2种以上。

三、造林密度

造林密度是开展造林绿化、人工林集约栽培应该考虑的重要因素，林木个体或群体生长发育与林分密度紧密相关。

(一)确定造林密度的因素

林分最优密度一直是林业科学所研究的热点问题，也是林分经营过程中需要解决的关键技术之一。科学确定合理的密度，保证林木群体能最大限度地利用空间，达到高产和预期培育的木材径级。主要影响因素有树种特性、培育目的、立地条件、经营水平等，确定造林密度应综合考虑这些影响因素。

1. 树种特性

（1）慢生、耐阴、树冠狭窄、根系紧凑、耐干旱瘠薄的树种可适当密植。

（2）速生、喜光、树冠开阔、水量消耗大的树种可适当稀植。

2. 培育目的

（1）防护林可适当稀植，护路林可以林木完全舒展的最大树冠为间距。

（2）培育大径材且不进行间伐的用材林可适当稀植，以培育中小径材为目的的用材林可适当密植。

（3）乔木经济林可适当稀植，灌木和矮化经济林等可适当密植。

（4）木质能源林可适当密植，油料能源林可适当稀植。

(5)特种用途林按特殊要求确定,风景林可按林木完全舒展的最大树冠为间距。

3. 立地条件

造林密度应根据立地条件确定。立地条件好、土壤肥力高的造林地,可适当稀植;立地条件差、灌溉条件好的造林地,可适当密植;立地条件差、没有灌溉条件的造林地,可适当稀植;易生长杂草杂灌的造林地,可适当密植;干旱少雨、地下水短缺的造林地,可适当稀植。

4. 经营水平

造林密度应根据经营水平确定。

(1)林区作业道路密度高、交通便利、劳动力资源丰富、经营水平较高的,可适当密植。

(2)采伐年龄长与采伐年龄短的树种混交的,可适当密植。

(3)未成林郁闭前需进行农林间作的,可适当稀植。

(二)密度确定方法

造林密度应以小班为单位,综合考虑立地条件、树种特性、培育目的、经营水平等因素确定。测算单位面积造林地上的栽植点或播种点(穴)数,同时考虑下列因素:

(1)石质山地、岩石裸露的造林地,应按实际情况扣除不能造林的面积后确定造林密度。

(2)造林地上已有的苗木、幼树,可视其数量、分布以及混交特点,部分或全部纳入造林密度。

(3)营造商品林时,造林地上已有的苗木、幼树可根据培育目标确定是否纳入造林密度。

(4)造林地上已有的苗木、幼树纳入造林密度计算的,应参加造林成活率和保存率的计算。

造林密度应综合造林地实际情况确定,造林地上有幼苗幼树的,应纳入造林密度计算。造林地上已有的苗木、幼树纳入造林密度计算的,要参加造林成活率和保存率的计算,既保护现有植被,又降低造林成本。

《造林技术规程》提出了各造林区域主要造林树种的最低造林密度。造林密度不宜低于《造林技术规程》规定的最低造林密度。经济林树种造林密度按《名特优经济林基地建设技术规程》(LY/T 1557—2000)的规定执行。速生丰产林造林密度按《毛竹林丰产技术》(GB/T 20391—2006)、《日本落叶松速生丰产林》(LY/T 1058—2013)、《杉木速生丰产用材林》(LY/T 1384—2001)、《长白落叶松、兴安落叶松速生丰产林》(LY/T 1385—1999)、《红松速生丰产林》(LY/T 1435—1999)、《柠檬桉速生丰产林》(LY/T 1436—1999)、《杨树人工速生丰用材林》(LY/T 1495—1999)、《马尾松速生丰产林》(LY/T 1496—2009)、《水杉速生丰产用材林》(LY/T 1527—1999)、《湿地松速生丰产用材林》(LY/T 1528—1999)、《红皮云杉人工林速生丰产技术》(LY/T 1559—1999)等的规定执行。

四、整地

整地是土壤改良和土壤管理的措施之一，是保证树木成活和健壮生长的有力措施。整地分为全面整地和局部整地两种方式。全面整地是翻垦造林地全部土壤，主要用于平坦地区。局部整地是翻垦造林地部分土壤的整地方式。

(一)一般原则

造林整地要与生态保护、经济上可行相结合，根据立地条件、林种、树种、造林方法等选择整地方式和整地规格，并遵循以下原则。

(1)保持水土。采用集水、节水、保土、保墒、保肥等整地方式。

(2)保护原生植被。山地不应采用全面整地、炼山等破坏已有植被和野生动物栖息地的整地方式。

(3)利用已有植被。利用已有林木、幼苗幼树，创造有利于造林苗木健康生长发育和森林形成的生境。

(4)经济实用。采用小规格、低成本的整地方式，减少地表的破土面积。

(5)限制全面清林。除杂草杂灌丛生、采伐剩余物堆积、林业有害生物发生严重等，以及不进行清理无法开展整地的造林地外，不应进行林地清理。

(二) 整地方式

1. 穴状整地

穴状整地适用于各类林种、树种和立地条件，尤其山地陡坡、水蚀和风蚀严重地带的造林地整地。穴状整地采用圆形或方形坑穴，大小因林种、苗木规格和立地条件而异。这是一种简易的局部整地，一般为直径0.3~0.6m的圆形或方形坑穴。穴面与原坡面持平或稍向内倾斜，这种整地操作简便，省工。

2. 带状整地

带状整地适用于山地缓坡、丘陵和北方草原地区各林种的造林整地，但不适用于有风蚀的地区。山地、丘陵带状整地应沿等高线进行。其形式有水平阶、水平槽、反坡梯田等。带状整地的整地面呈水平或与地面基本持平，整地带之间的原有植被和土壤保留不动。

3. 鱼鳞坑整地

鱼鳞坑为近似半月形的坑穴，外高内低，长径沿等高线区高线方向展开，短径略小于长径。在山坡上沿等高线自上而下的挖半月形坑，呈"品"字形排列，形如鱼鳞，故称鱼鳞坑，是一种水土保持造林整地方法。鱼鳞坑整地适用于干旱、半干旱地区的坡地以及需要蓄水保土的石质山地的造林地整地，包括黄土高原地区。鱼鳞坑的长径1.0~1.5m、短径0.5~1.0m，蓄水保土力强，适用于水土流失严重的山地和黄土地区。

4. 沟状整地

沟状整地适用于干旱、半干旱地区的造林整地。在种植行中挖栽植沟，在沟内再按一定的株距挖坑栽植，并较长期的保持行沟。沟状整地的特点是横断面呈梯形或矩形，整地面低于原土面。沟上口宽0.5~1m，沟底宽0.3m，沟深0.4~0.6m。这种方法的优点是能蓄水拦泥，缺点是整地费工，多用于黄土高原需控制水土流失的地方。

5. 集水整地

集水整地适用于干旱、半干旱、极干旱区以及干热河谷和石漠化地区。在较平坦的造林地开沟，向沟两边翻土，将沟两旁修成边坡，然后在沟内打横埂，两边坡与两横埂之间围成一定面积的双坡面集水区。集水整地系统由微集水区系统组成，是根据地形条件，以林木为对象，在造林地上形成由集水区与栽植区组成的完整的集水、蓄水和水分利用系统。集水整地能大大提高降水利用率，使栽植区土壤含水量成倍增加，有效提高造林成活率，促进林木生长。

降水少和土壤水分亏缺是干旱区造林的最主要限制因子，集水造林是以扩大承雨面积，增加树穴含水量，使干旱区有限的降水得到最大限度的利用，以提高林木的成活和生长为目的的造林方法。

(三) 整地季节

整地季节的选择，总体要求是有利于改善水分状况、增加土壤有机质，熟化土壤。一般在上年秋、冬季，或造林前一个月进行整地。在有冻拔害的地区和土壤质地较好的湿润地区，可以随整随造。

整地过早，会使翻垦过的土地再次板结，还会滋生杂草，不利于新造林幼苗的生长。秋、冬季杂草生长停止，土壤翻垦后还可以经过冬季的霜冻减少土壤内含有的寄生虫。块状翻草皮土整地造林法能防止冻拔害。

旱区造林整地，应在雨季前进行，也可随整随造。旱区提前整地容易造成风蚀；在雨季前进行，有利于截留降水蓄水保墒，可以大幅度提高苗木的成活率。

五、造林方法

人工造林按照所使用的种植材料分为播种造林、植苗造林、分殖造林。根据树种特性、立地条件等可采用适宜的造林方法。不同的造林方法分别有不同的适用条件，对以后成林有着重要的影响。

(一) 播种造林

1. 适用条件

播种造林包括人工直播和飞播造林。适用大粒种子，或者发芽迅速、生长较快、适应性强的中小粒种子，且种子资源丰富的树种，以及土壤湿润疏松、立地条件较好、鸟兽害较轻区域的造林地。飞机播种造林对于边远山区且人烟稀少地区的造林更为适宜。飞播造林按照《飞播造林技术规程》(GB/T 15162—2018)执行。

2. 造林作业

播种造林可采取穴播或条播的方法。

(1)穴播。在种植穴中均匀地播入数粒(大粒种子)至数十粒(小粒种子),然后覆土镇压。覆土厚度宜为种子直径的2~3倍,土壤黏重的可适当薄些,沙质土壤可适当厚些。大粒种子不易被风吹散或被流水冲走,如栎类、核桃楸、红松、山杏等大粒种子,以及发芽迅速、生长较快、适应性强的中小粒种子,宜采用穴播方法。

(2)条播。在播种带上播种成单行或双行,连续或间断,播种入土或播后覆土镇压。覆土厚度宜为种子直径的3~5倍,土壤黏重的可适当薄些,沙质土壤可适当厚些。

播种造林的播种量根据树种的生物学特性、种子质量、立地条件和造林密度确定。

3. 造林季节

小粒种子播种造林宜在雨季进行;大粒、硬壳、休眠期长、不耐贮藏的种子播种造林宜在秋季进行。种子资源丰富的树种,可以在秋季采种后立即播种,减轻种子运输、贮藏的繁重劳动,种子在土内越冬具有催芽作用,可使翌春发芽早、生长快。

(二)植苗造林

1. 适用条件

植苗造林适用于各种立地条件以及可以人工培育苗木的各类树种造林。植苗造林的特点是苗木带有根系,在正常情况下栽植后能较快地恢复机能,适应造林地的环境,顺利成活;在相同条件下,植苗造林的幼林郁闭早、成林快、生长快,林相整齐,并可节省种子,适用于绝大多数树种和多种立地条件,尤其是杂草繁茂或干旱、贫瘠的地方。弱点是需要事先培育苗木,育苗花费的时间长,起苗、运苗、栽植等需劳动量多。

2. 造林作业

植苗造林包括裸根苗造林和容器苗造林。

(1) 裸根苗造林。应根据林种、树种、苗木规格和立地条件选用适宜的栽植方法。栽植时应保持苗木立直，栽植深度适宜，苗木根系伸展充分，并有利于排水、蓄水保墒。在干旱、半干旱地区、水土流失严重的黄土高原地区，栽植时，可施用薄膜覆盖、保水剂等保水措施。裸根苗造林可分为3种方法：

穴植法。适用于栽植各种裸根苗和带土球苗木。穴的大小应略大于苗木根系。苗干应扶正，根系应舒展，深浅应适当，填土一半后提苗踩实，再填土踩实，最后覆上虚土。对于胸径3cm以上的带土球苗木，可根据造林实际采用支撑措施。

缝植法。适用于新采伐迹地、沙地栽植松柏类小苗。在已整地的造林地上用锄或锹开缝，放入苗木，深浅适当，不窝根，拔出工具，踏实土壤。

沟植法。适用于地势平坦、机械或畜力拉犁整地的造林地造林。将苗木按一定的株距摆放在开好的沟里，再扶正、覆土、压实。

(2) 容器苗造林。一般采用穴植法，植穴应略大于容器规格。栽植时应将不容易降解的容器脱除。

3. 造林季节

植苗造林除春季高温、少雨、低湿的川滇等部分地区外，全国其他地区可进行春季造林。雨季、秋季适合于全国各地造林。雨季造林宜选择蒸腾强度较小或萌芽能力强的树种，并掌握好雨情，以下过一、二场透雨、出现连续阴天时为宜。在北方地区，秋季造林可在树木已经落叶至土壤冻结前进行，宜选择落叶阔叶树种造林。冬季造林主要适用于气温适宜、土壤不结冻的华南、西南地区。华中地区也可以适度开展冬季造林。容器苗和带土坨苗木，可在土壤结冻期外的各季节造林。

(三) 分殖造林

1. 适用条件

分殖造林适用于：易获取分殖材料、能迅速产生大量不定根、地下茎的树种以及竹类；造林地水分、土壤条件较好；造林季节水分蒸发量小于降水量的造林地。其特点是能节省育苗时间和费用，造林技术简单、操作容易，成活率较高，幼林初期生长较快，且在遗传性上能保持母本的优良性状。由于限制因素较多，适用树种必须是无性繁殖能力强的树种，如杉木、杨树、柳树、漆树和泡桐等。

2. 造林作业

分殖造林包括扦插造林和地下茎造林。

（1）扦插造林。又分为插条造林和插干造林。插条造林宜用直插。对于落叶阔叶树种，在干旱、风沙危害严重的地区造林时，应深埋插穗，使其刚好被土覆盖；在水分条件较好或土壤含盐量较高的造林地造林时，则插穗可露出地面 3~5cm。对于常绿针叶树种，插植深度可为插穗长度的 1/3~1/2。插干造林每穴直插插干一株，插植深度在 30cm 以上。在干旱、地下水位 2m 以下地区营造杨柳类树种，可以采用机械钻孔深栽。

（2）地下茎造林。包括移栽母竹、移鞭、分蔸造林 3 种方式。移栽母竹是从竹林外缘或竹丛周围挖取 1~2 年生、保留有竹鞭的母竹，其中，来鞭 30~40cm、去鞭 40~70cm。栽植时注意使鞭根舒展，分层填土踏实，覆以厚层杂草。移鞭造林可在造林前 1 个月挖出竹鞭，尽量多带宿土，截成约 100cm 长，平埋在挖好的沟内，覆土约 10cm，略高于地面，并踩实。分蔸造林是将挖出的母竹竹竿自地表以上 20~30cm 处截断，栽植竹蔸，利用竹蔸上的芽发育成林。

3. 造林季节

插条造林和插干造林季节与裸根苗造林季节基本一致，随树种和地区不同，可在春季、秋季插植。常绿树种可随采随插，落叶树种可随采随插或采条后经贮藏再插。在水分条件不充足的地区，插条造林在充沛的雨季进行。地下茎造林，除寒冷以及酷热天气外，其他季节均可小规模造林。大面积栽植时，单轴型竹类可在生长缓慢的冬季和早春进行，合轴型竹类可在 1~3 月进行。

六、林冠下造林

(一)伐前人工更新

伐前人工更新适用于天然更新等级不良或更新树种不符合培育目的,且郁闭度在0.7(含)以下的近熟林、成熟林和过熟林。一般在伐前3~5年进行。

伐前人工更新宜以植苗造林为主、播种造林为辅。造林树种应选择幼龄耐庇荫、价值高、能在林冠下正常生长发育并与林地上已有的幼苗幼树共生形成稳定的森林生态系统的树种。伐前人工更新应根据林地上的林木、幼苗和幼树的分布情况进行种植点配置,并预留集材通道,防止林木采伐对苗木的大面积损害。伐前更新造林宜采用穴状整地,穴的深度、宽度根据苗木规格和树种生物学、生态学特性确定。在穴状整地前可在穴的周边适当清林。

(二)有林地补植

有林地补植适用于郁闭度在0.4(不含)以下且依靠自然力难以提高郁闭度并需改善林分结构的中幼龄林。补植方法宜采用穴植、缝植等植苗造林。树种选择与伐前人工更新类似,应选幼龄耐庇荫、价值高、能在林冠下正常生长发育并与林地上已有的幼苗幼树共生形成稳定的森林生态系统的树种。补植株数应根据已有林木的树种、培育目的、株数、年龄、立地条件、林隙以及补植树种的特性确定。根据已有林木的分布确定补植点,宜配置在林间空地、林木分布稀疏处。宜采用穴状整地,穴的深度、宽度根据苗木规格和树种生物学、生态学特性确定。在穴状整地前可在穴的周边适当进行林地清理。

七、造林种子和苗木要求

造林用的种子和苗木应具有生产经营许可证、植物检疫证书、质量检验合格证书、种子标签。应优先采用种子园、母树林、采穗圃等生产的优良种质材料;优先采用优良种质材料培育的优质壮苗;不得使用来源不清、长距离调运、未经检疫、未经引种实验的种子、苗木和其他繁殖材料。成片造林不宜使用胸径5cm以上的大苗。

播种造林的种子质量按照《林木种子质量分级》（GB/T 7908—1999）的规定执行。造林用种宜使用同一种子区的种源。跨种子区或大跨度调拨种子应先进行种源试验。由北向南调拨种子不宜跨纬度3°，由南向北调拨不宜超过纬度2°；东西向调拨经度不宜超过16°。

造林苗木应按《主要造林树种苗木质量分级》（GB/T 6000—1999）、《容器育苗技术》（LY/T 1000—1991）的规定执行。GB/T 6000—1999没有规定的树种，可参照相应的行业标准或地方标准、造林作业设计等关于用苗的要求。

裸根苗造林应使用Ⅰ、Ⅱ级苗木，优先使用优良种源、良种基地的种子培育的苗木以及优良无性系苗木；根系受伤或发育不正常产生偏根的裸根苗，可进行适当地修剪，短截过长主根和侧根；阔叶树种、毛竹，可在栽植前将根系蘸上稀稠适当的泥浆；越冬过程中容易失水的苗木，栽植前可用清水或流水浸泡；在病虫害危害严重的地段造林，可采用化学药剂蘸根；栽植后恢复期较长树种的苗木，或不易生根的种植材料，可采用促生根材料处理；干旱地区使用裸根苗造林，可采用药剂或抗蒸腾剂进行苗木喷洒处理；暂不造林的苗木宜采用假植、冷藏等措施保持根系湿润。

容器苗造林应采用可降解的容器育苗，栽植时应对生长出容器外的根系进行修剪。不易降解的容器，在栽植时应进行脱袋处理。

插条造林宜选用管理规范、质量可信的采穗圃、苗圃培育的插条；宜从优良母树根基萌发的幼化枝条上选取插条；根部容易萌生不定芽的树种，可从发育健壮的母树根部挖取。插干造林宜选用1~3年生枝干。竹类使用竹蔸和竹鞭进行地下茎造林，竹蔸应为带蔸并截去竹尾的母竹。

八、造林辅助措施

为提高造林绿化成效，可根据不同造林方法、自然条件等，采取适当的辅助措施。

1. 施肥

造林施肥应根据培育目标和土壤营养条件,采用营养诊断配方施肥,或采用有关施肥试验结果,进行施肥,做到适时、适度、适量。在水源地、水体周边等生态区位特殊地段,尤其在坡地,需采取造林施肥措施时,应施有机肥,避免水体污染。施肥方式包括基肥和追肥。基肥一般是针对土壤贫瘠的造林地,可施用基肥改良土壤。基肥宜采用充分腐熟的有机肥。基肥应在栽植前结合整地施于穴底。商品林造林可施用追肥。追肥宜采用复合肥和专用肥。追肥宜在栽植后 1~3 年施用。

2. 防护

防护材料主要包括网围栏、支撑材料、越冬材料、防虫材料等。网围栏主要用于人、畜活动频繁处,防止人畜随意进入造林地,损毁苗木。支撑材料主要指木(竹)竿等竿形材料,用于定植后固定苗木、防止苗木风倒。越冬材料主要为秸秆、草、塑料布等材料,用于包扎苗木,或铺于造林地,起防寒作用。防虫材料主要指各种袋形、管形材料,套用于苗木基干部,可起到防虫、防旱等作用。

3. 蓄水保墒

蓄水保墒主要包括地表防蒸发措施、土壤蓄水保墒措施。

(1) 地表防蒸发措施。主要是在地表覆盖地膜、草纤维膜、秸秆、沥青和土面增温保墒剂,以及石块、瓦片等材料。①地膜。宜选用无色、透明的地膜,膜的厚度可根据使用方法选择;膜的大小可 1m×1m 或 60cm×60cm。为既提高地温又蓄水保墒,宜选用较厚的膜,并将地膜直接铺设在表面;以蓄水保墒为主要目的,宜把地膜铺设在表土层下面,即把地膜铺设好后在上面压上 2~3cm 厚的土壤。铺在地下的,可选用较薄的膜。②保墒剂。根据种子萌芽温度和播种时的天气确定土面增温保墒剂使用时间。春季播种造林较正常播期可提前几天使用,宜选在晴天上午,可仅用于树木周围也可用于全造林地,有条件时可在喷洒前浇水。使用土面增温保墒剂的区域地表应尽量平整。

(2) 土壤蓄水保墒措施。包括:①干旱、半干旱地区造林,可采用大规格深整地,春季造林宜在前一个雨季前整地,秋季造林宜在当年春季或雨季前整地。②黄土高原地区造林，可在整地时施绿肥，或厩肥、过磷酸钙、锯末、土壤改良剂等的混合物。③沙区造林，可在深层铺设地膜，或在底层撒施防止水分渗漏的材料，如拒水粉、拒水土等，或在底层撒施土壤改良剂，与土壤混合形成阻水层。

九、未成林抚育管护

对未成林造林地的抚育管护是造林能否取得实效的关键环节之一。

（一）未成林抚育

（1）间苗定株与补植。对于不同的造林方式，可采取不同的间苗定株和补植措施。播种造林可在苗木出土后一个生长季或一年进行间苗，在未成林期末完成定株。对植苗造林可在造林后一个生长季或一年内，根据造林地上苗木成活状况及时补植。补植应在造林季节进行，补植苗木不应影响造林地上的苗木生长发育。对具有萌芽能力的树种，因干旱、冻害、机械损伤以及病虫兽危害造成生长不良的，可采用平茬措施复壮。

（2）灌溉。灌溉应在造林栽植时浇透定根水。造林后可根据天气、土壤墒情、苗木生长发育状况等进行浇水。应采用节水浇灌技术，限制采用大水漫灌方式。造林作业时可根据造林地面积和分布、所在区域的地形地势、水资源等状况，建设蓄水池、水窖、水渠、水井、提水设施、喷灌、滴灌等林地水利设施，配备浇水车、移动喷灌等移动浇水设备。

（3）松土。因土壤板结等严重影响苗木生长发育甚至成活时，宜及时进行松土。松土应在苗木周围50cm范围内进行，并做到里浅外深，不伤害苗木根系。

（4）除草。杂灌杂草影响苗木生长发育时，宜进行割灌除草、除蔓，除去苗木周边1m以内的杂灌杂草和藤蔓。采用化学药剂除草的，应执行《主要造林树种林地化学除草技术规程》（GB/T 15783—1999）的规定。

（5）以耕代抚。适用于实行农林间作的新造林地。对于以林为主的间作方式，造林后 3~5 年，通过间种农作物或牧草，以耕代抚，促进苗木生长；林木郁闭后，停止间作。作物间作不应影响苗木正常生长。对于以农(牧)为主的间作方式，可长期实行间作。郁闭成林后，可间作高秆作物。

(6)抚育次数。根据造林地苗木生长发育状况、立地条件、天气状况等确定抚育时间、抚育措施和抚育次数。每年可抚育 1~3 次，用材林、经济林抚育次数可根据经营管理强度确定。实行林农间作的造林地，可以结合间作作业进行抚育。有冻、拔害地区的造林地，第一年可以除草为主，减少松土次数。

(二)未成林管护

未成林管护是提高造林绿化保存率的有效措施。管护措施主要包括综合管护、有害生物防控、自然灾害防控等。

(1)综合管护。为防止火灾、人畜干扰等毁坏新造林地，应采取综合管护措施。一般采用专人、专兼职或集中管护等方式。人畜干扰风险较高的地段宜在造林地周边设置网围栏、篱墙、防护沟等设施。设置管护碑等明示造林地管护范围、面积、目标、责任人等信息。加强对森林防火通道保护，按照森林防火通道规划、建设要求，维护、建设生物防火林带。林地清理的灌草、抚育采伐剩余物等要及时清理，减少林地可燃物。管护作业应禁止在施工现场用火，防止引发火灾。

(2)有害生物防控。为确保幼苗正常生长发育，应加强未成林的有害生物防控措施。开展造林地及周边林地有害生物预测预报，可设置病虫害预测预报样地、测报点等定期监测。及时隔离、处理病虫危害木，减少病源。一旦发现检疫性病虫害，应及时伐除并销毁受害木。病虫害发生后宜采用物理、生物防治或综合防治方法，避免采用单一的化学防治方法。大规模造林地宜配备诱虫灯、喷雾器、病防车等防治设备。对于兽害，可以采取以下防控措施：在苗木基干部涂(刷)白、涂抹泥沙等材料进行防护；在苗木基干部捆扎塑料布、干草把、芦苇等材料，或套置硬质塑料管、金属管等管状物，或设置金属围网等防护物；对苗木进行预防性处理，如施用防啃剂、驱避剂浸蘸根、茎等。

(3)自然灾害防控。可采取以下措施：因地制宜采用地膜覆盖、栽后树盘盖石板或盖草保墒、喷洒塑料，树脂制成的泡沫剂或成膜物质的水乳液，铺撒地表后形成薄膜层等多种措施，实现保水保墒；在洪涝灾害易发地段可设置排水沟、提高造林地的抗涝能力，防止苗木受淹；风大、干燥、严寒地区或冻拔害严重地区，冬季可采取覆土、盖草（秸秆）、包裹等防风防寒措施；风沙区可采取设置风沙障或在林缘迎风面挖壕等措施，防止风蚀沙埋造林地，并保护苗木。

十、造林地生境保护

1. 应遵循的原则

为尽量减少人工造林破坏生境，并有利于生境恢复和人工林健康稳定，应遵循以下原则：

(1)积极保护。对造林地实行全方位生境保护，禁止改变景观格局的造林活动。

(2)全过程保护。生境保护理念贯穿于造林全过程的各个环节。

(3)保护与恢复相结合。在保护生境理念指导下，通过造林措施恢复森林景观。

2. 缓冲带管理

在湖沼库周边、河流溪沟两侧、山脊线或临近自然保护区、人文保留地、自然风景区、野生动物栖息地、科研实验地等地带开展造林活动，应留出一定宽度的缓冲带。缓冲带内应以封山育林、自然恢复森林植被为主。缓冲带自然恢复植被困难的，可采取人工造林措施恢复，但不宜采用高强度整地。

3. 造林作业保护措施

(1)流动沙地、半固定沙地造林应先设置沙障。

(2)整地、除草松土、施肥等应执行《造林技术规程》（GB/T 15776—2016)第10章的相关规定。陡坡地段应限制清林，减少整地作业面积，并将割除的杂草藤本沿等高线铺垫或在穴周围覆盖，避免土壤裸露。

(3)山地挖穴时,穴面宜与坡面持平或稍向内倾斜,以便更好地蓄水拦土。挖开植穴的表土均要回填。对于换填客土的,被替换的、未填完的土壤应妥善处理。

(4)不宜在雨季整地,缩短整地与栽植间隔期。对于整地后暂不造林的,整地后应采用杂草覆盖挖出的表土。

(5)在山地,未成林抚育过程中的松土、扩穴、施肥应在植穴周边进行。

(6)施追肥时,不宜直接施于林木(苗木)根部,也不宜超过树冠投影的外缘。施肥深度应达到林木(苗木)根系的密集部位深度,并覆土压实。

4. 水土保持措施

水土流失严重地区,应设置截水沟、植物篱、蓄水池、集水坡等水土保护设施。

截水沟宜在山地的山体坡面沿等高线布设,截水沟间距可根据坡度、土质和暴雨径流情况综合确定。

植物篱应宜在陡急坡岸、水土流失严重地段设置,沿等高线每隔一定距离密植具有一定经济价值的灌草带(植物篱笆)。

蓄水池宜布设在山顶或山体中部低凹处。山顶蓄水池与引水设施终端连接;山中蓄水池与一个或多个截水沟终端连接。蓄水池位置应根据地形有利、岩性良好、蓄水容量大、工程量小、施工条件便利等原则确定。蓄水池容量根据地形、坡面径流量、蓄排关系、水浇面积以及修建省工、使用方便等原则确定。

集水坡宜利用植株行间地建造微型集水坡面,提高集水点接受的实际径流量。植株行下沿等高线用土或石块筑梗拦蓄径流,行间集水坡表面采用不同方法或材料处理以减少雨水渗透。

5. 生物多样性保护措施

(1)保护栖息地。应注意对区域内古树名木生态环境、国家和地方重点保护野生动植物栖息地的保护,保留鸟巢、兽洞(穴)周围、野生动物隐蔽地的林木。营造纯林应注意适当保留天然植被作为生态廊道。

(2)外来物种控制。造林绿化应优先使用当地乡土树种。需要引进外来树种的，引进树种应先进行种植试验，证明未造成对当地物种、生态系统负面影响时方可使用。

(3)珍稀濒危树种保护。严格保护造林地的珍稀濒危树种、古树名木。在林地清理、未成林地抚育作业中，严格保留珍稀树种苗木和林木，为珍稀、濒危树种的母树下种提供条件。

(4)提倡营造混交林。在以针叶林为主的地区，应营造一定比例阔叶林，可采取块状(景观)镶嵌等方式，避免营造大面积单一树种人工林。

6. 地力维护措施

造林绿化应保护林地、林下非干扰性植被和枯落物。用材林造林地宜实行轮作，在同一造林地上，同一树种造林不应连续超过两代。可在造林地上套种固氮植物，以改良土壤。造林地需要施肥的，应采取营养诊断和配方施肥，提高肥料使用效率。

7. 环境污染防止措施

造林绿化应防止环境污染和生态破坏，应采取以下措施：造林地不宜使用除草剂。经济林、速生丰产林等造林确需使用除草剂的，应严格控制用量，注意混合、交替使用除草剂，不在水源区或下雨前使用除草剂。在水源地造林，若需要施肥时，应施用有机肥，避免对水源造成污染。为防止肥料流失，应避免大面积的陡坡施肥。加强对缓冲带的保护，应将易造成水源污染的废弃物移出缓冲带。备用的燃料、油料以及其他化学制剂应存放固定场地，作业机械维修场地和排放的无毒废液应远离水体。无毒无害固体废物应集中转移或深埋地下。对有害废弃物应进行无毒化处理，或集中转移至专门的处理区域。机械设备应避免燃料、油料溢出。

第三节 造林成效评价

一、造林成效评价原则

造林成效评价应遵循以下原则：①分别无林地造林、林冠下造林和四旁植树评定造林成效。②造林一年或一个完整的生长季后进行年度造林质量评价，造林3~5年后进行造林成效评价。③以小班为评价单元，以行政区划单位或造林工程项目实施单位为造林结果评定单位。④依据造林区域的基本情况，分区域确定评价标准。

二、造林质量评价

1. 无林地造林质量评价

（1）评价指标。包括按设计施工率、造林成活率、混交造林的混交比、混交树种个数。

按设计施工率是指造林面积、树种、密度、苗木规格、整地方式和规格等主要指标按作业设计施工的面积与作业设计面积的百分比。

造林成活率是指成活株(穴)数与设计株数的百分比。

混交造林的混交比是指混交造林各树种株数的比例，用十分法表示。

混交树种个数是指混交林中的树种个数。

（2）评价标准。分纯林和混交林进行评价。

纯林营造合格标准。同时满足以下条件的纯林造林小班为造林合格小班：①按作业设计施工率在95%(含)以上。②旱区、高寒区、热带亚热带岩溶地区、干热(干旱)河谷等生态环境脆弱地带，造林成活率在70%(含)以上；其他地区造林成活率在85%(含)以上。③造林生境未造成不可逆的破坏。

混交林营造合格标准。同时满足以下条件的混交林造林小班为合格小班：①按作业设计施工率在95%(含)以上。②任一造林树种株数占总株数比例低于65%(不含)。③混交树种个数应符合《造林技术规程》(GB/T 15776—2016)的规定。

(3)评定结果。①造林合格面积：符合合格标准的造林小班面积之和为评定单位造林合格面积。②混交造林合格面积：符合合格标准的混交造林小班面积之和为评定单位混交造林合格面积。③造林需补植面积：造林成活率达不到合格标准规定，但成活率在41%(含)以上的年度造林小班面积之和，为评定单位造林需补植面积。④造林失败面积：造林成活率低于41%(不含)的年度造林小班面积之和，为评定单位造林失败面积。

2. 伐前人工更新造林质量评价

伐前人工更新造林质量评价指标、评价标准、评定结果按照无林地造林的规定和方法执行。

3. 有林地补植质量评价

(1)评价指标。①按设计施工率：是指造林面积、树种、密度、苗木规格、整地方式和规格等主要指标按作业设计施工的面积与作业设计面积的百分比。②补植成活率：实际人工补植的苗木成活株数与设计补植林数的百分比。

(2)评价标准。同时符合以下条件的，为有林地补植合格小班：①按作业设计施工率达到95%以上；②补植成活率达到85%以上；③造林作业未对现有林木造成破坏。

(3)评定结果。可根据以下指标评定有林地补植质量：①年度补植合格面积。符合补植评价标准的补植小班合格面积之和为评定单位补植合格面积。②需再补植面积。补植成活率未达到85%以上，但41%(含)以上的补植小班面积之和为评定单位需再补植面积。③补植失败面积。补植成活率低于41%(不含)的补植小班面积之和为评定单位补植失败面积。

三、造林成效评价

1. 无林地造林成效评价

(1)评价指标。造林小班采用郁闭度或盖度作为成效评价指标；评定单位采用造林面积保存率作为成效评价指标。

（2）评价标准。达到以下条件之一的造林小班为有效造林小班：①郁闭度：造林3~5年后，干旱区、半干旱区、高寒区以及热带亚热带岩溶地区、干热（干旱）河谷等地区小班郁闭度达到0.15（含）以上；极干旱区小班郁闭度0.10（含）以上；其他区域小班郁闭度0.2（含）以上。②盖度：造林3~5年后，极干旱区小班盖度20%（含）以上，干旱区小班盖度25%（含）以上，其他区域小班盖度达到30%（含）以上。

（3）评定结果。可根据以下指标对实施造林的单位进行造林成效结果评定：①评定单位造林保存面积。造林3~5年后，达到上述评价标准的有效造林小班面积之和。②评定单位造林面积保存率。造林保存面积与当年度造林面积的百分比。

2. 伐前人工更新成效评价

伐前人工更新成效评价参照无林地造林成效评价的指标、标准、评定结果的规定执行。

3. 有林地补植成效评价

（1）评价指标。补植小班采用郁闭度或盖度作为成效评价指标；评定单位年度补植总量采用有效补植率作为成效评价指标。

（2）评价标准。补植3~5年后，郁闭度达到0.6（含）以上的补植小班为有效补植小班。

（3）评定结果。补植3~5年后，达到有效补植小班面积之和与当年度有林地补植面积的百分比。

第四节　森林更新

森林更新是指在林冠下或采伐迹地、火烧迹地、林中空地上利用人力或自然力重新形成森林的过程。及时进行森林更新是维持和扩大森林资源的主要途径，是实现森林永续经营利用的基础。按更新方式，可分为天然更新、人工更新和人工促进天然更新。为确保采伐迹地、火烧迹地等及时有效更新，我国森林更新采取以人工更新为主、人工和天然更新相结合的方针。

一、人工更新

人工更新是指用人工植苗、直播、插条或移植地下茎等方式恢复森林的过程。在雨量充沛、人力不足、立地条件适合的地方，也可采取飞机播种更新。

人工更新的适用条件：①调整改变树种组成；②皆伐迹地；③皆伐改造的低产低效林地；④原集材道、楞场、装车场、临时性生活区、采石场等清理后用于恢复森林的空地；⑤工业原料林、经济林更新迹地；⑥非正常采伐(盗伐等)破坏严重的迹地；⑦采用天然更新较困难或在规定时间内不能达到更新要求的迹地。

二、人工促进天然更新

人工促进天然更新是指以弥补天然更新过程的不足所采用的某些单项人工更新措施。如人工补播补植，以弥补天然种苗的分布不均；进行部分块状或带状松土，或火烧清理，除去过厚的枯枝落叶曾或过于茂密的灌草，以改善种子发芽和幼苗幼树生长发育的条件等。

人工促进天然更新的适用条件：完全依靠自然力在规定时间内达不到更新标准时，应采取人工辅助措施，促进天然更新。如渐伐作业形成的采伐迹地；补植改造或综合改造的低产低效林；采伐后保留目的树种的天然幼苗、幼树较多但分布不均匀、规定时间内难以达到更新标准的迹地。

三、技术要求

(1)更新时间。采伐迹地应于采伐后当年或翌年内应完成更新造林作业。对于未更新的旧采伐迹地、火烧迹地、林中空地等，森林经营单位应制定规划，限期完成更新造林。

(2)更新方式。应根据森林采伐方式以及采伐迹地、火烧迹地、林中空地等实际情况，正确选择森林更新方式。森林采伐(主伐)主要包括3种方式：择伐、渐伐、皆伐。择伐是在预定的森林面积上定期地、重复地、有选择性地采伐成熟的单株林木或群团状的树木群。渐伐是指在成熟林伐区内通过2~4次逐渐地伐除全部林木，其目的在于防止林地突然裸露，通过采伐的渐进使伐区保持一定的森林环境，在老林的上方或侧方庇护下促进林木结实、下种和保护幼树，达到更新的目的。皆伐是在成熟林伐区一次性将林木全部伐除，其目的是伐除成熟林木以后重新长成同龄林，主要用于用材林采伐，也可用于清除严重病虫害、火灾或林相残破、需更换树种等林分。一般来讲，择伐通常与天然更新相配合进行，即没有人力参与，利用天然下种、伐根萌芽、地下茎萌芽、根系萌蘖等方式形成新的森林。渐伐主要适用于天然更新能力强的成、过熟的单层林或接近单层林的林分，或者采取皆伐方式采伐后容易发生水土流失等自然灾害的林分。皆伐人工更新一般采取植苗造林的方式。如果有良好的整地条件和种子保护措施，也可以采取直播造林的更新方式。

（3）更新技术措施。人工更新造林要科学确定更新树种和树种配置，适地适树适种源；要通过采取良种壮苗、细致整地、合理密度、精心管护、适时抚育等措施，确保更新造林成效。具体技术措施执行《造林技术规程》《森林抚育规程》等相关技术规程。

四、技术标准

1. 成活率

人工更新造林当年株数成活率达到85%以上，西北地区和年均降水量在400mm以下的地区应达到70%以上（含70%）。人工促进天然更新的补植当年成活率应达到85%以上。

2. 保存率

皆伐更新迹地第三年幼苗幼树保存率达到80%以上，西北地区和年均降水量在400mm以下的地区应达到65%以上（含65%）。择伐更新迹地的更新频度达到60%以上，渐伐更新迹地的更新频度达到80%以上。

3. 合格率

当年成活率合格的更新迹地面积应达到按规定应更新的伐区面积的95%；第三年保存率合格的更新迹地面积应达到按规定应更新的伐区面积的80%。

第五节　无性系造林

20世纪初，由于车船、发电、造纸等行业的快速发展，对木材的需求剧增，一些工业化国家开始致力于大规模人工林培育。20世纪70年代，随着胶合板、纤维板、木浆造纸等世界森林工业发展及其对木材供给要求的提高，组织培养、体胚诱导、全光喷雾扦插育苗等技术快速发展，并在辐射松、欧洲云杉、落叶松、桉树等树种无性繁殖技术取得突破之后，人们期望选择最优良个体并通过规模化的无性繁殖用于人工林培育，以获取更大的遗传增益。一些林业产业发达国家开始利用可无性繁殖的树种，大力培育森林工业用材，走上以无性系育种为核心的无性系林业发展道路。无性系造林伴随着树木无性繁殖技术的进步和森林工业的发展而兴起。

我国早在2000多年前就有杨树、柳树扦插的无性系造林记载。我国无性系造林在经济林培育中发展较早，如樟树、橡胶树、油茶、油桐、板栗、核桃、柿、枣等，很早就形成了地方性优良品种和人工选育的栽培品种，在生产中发挥着重要作用。在人工用材林培育方面，用得最早的是杉木人工林的培育，湖南江华等杉木产区的农民，很早就有利用根蘖或选择生长良好的萌芽条插条造林的传统。20世纪80年代以来，我国优良无性系造林首先在杨树、桉树中开始推进。目前，我国的杨树、桉树几乎全部实现了无性系造林，泡桐、刺槐、柚木、杉木、落叶松、鹅掌楸等无性系造林也得到广泛应用。杨树、桉树、杉木、落叶松等树种已完成多轮次遗传改良，选育出的一批优良品系进一步无性系化，大规模应用于胶合板、纤维板、木浆造纸等短周期工业用材林培育，为缓解我国木材供应短缺问题做出了积极贡献。

一、林木无性系育种

无性系育种是从天然林木群体或人工杂交、诱变林木群体中选优良个体,通过科学方法进行无性繁殖形成无性系,再经无性系测定,选育出优良无性系,逐渐形成稳定的繁殖规模并应用于生产的过程。无性繁殖是指不需要经过有性生殖过程,而由生物母体的一部分器官、组织或细胞直接产生子代的繁殖方法,也称为营养繁殖。由单株树木通过无性繁殖所产生的所有分株称为无性繁殖系(简称无性系)。提供无性繁殖原始材料的树木个体称为无性系原株。通过无性繁殖再生的无性系后代群体没有涉及基因分离与重组,与无性系原株基因型相同。

与基于种子园种子生产的家系育种相比,基于无性繁殖的无性系育种具有如下优势:

(1)可综合利用加性与非加性遗传效应,遗传增益高。在遗传学上,遗传效应可剖分为加性效应、显性效应和上位效应。由于有性繁殖条件下基因的分离与重组,有性后代只能继承亲本的加性效应,不能继承显性效应和上位效应,即采用种子园种子育苗造林只能利用其子代平均值。而无性系育种是选择当代群体中目标性状最为突出的个体,能够综合利用加性与非加性遗传效应,其遗传增益显著高于同一改良世代的家系材料。

(2)选择当代、利用当代,遗传改良见效快。林木遗传改良过程中,繁殖方法的选择会直接影响育种的进程。与种子园生产的选择当代、利用子代、需要等待开花结实相比,无性系育种是选择当代、利用当代,其选育程序仅包括选优、无性系测定与选择、建立采穗圃等,不必等待开花结实。即使是人工创造变异,也可以根据早晚期相关选择而提前利用,具有见效快等特点。

(3)选育的无性系品种性状整齐一致,利于集约栽培、管理和利用。树木种子繁殖不可避免地会产生遗传分化现象,后代目标性状表现参差不齐。而无性系选育获得的同一无性系,具有相同的基因型和表现型,性状表现具有更大的一致性,能够避免林分个体间的竞争差异问题，有利于株行距配置；在灌水、施肥等方面更有利于集约化栽培管理，可以最大限度地实现丰产；以无性系品种为原料的木材材性等性状稳定一致，有利于纸浆等森林工业产品加工工艺调配。

(4) 无性系育种可避免基因杂合、子代不育等问题，有效固定优良基因型遗传种质。优良基因型有性生殖的结果必然会导致基因的分离与重组。树木基因杂合且生殖生长周期长，一般作物固定杂种优势的方法难以应用。因此，对于只能种子繁殖的树种而言，由于基因分离和重组，难以采取远缘杂交、诱变育种、转基因或基因编辑等育种技术；而多倍体育种往往具有子代不育性，导致获得的优良种质难以扩繁利用。而对于能够无性繁殖的树种而言，采用无性系育种，可以不必担心基因分离或育性差等问题，在林木遗传改良中具有广阔的应用空间。

林木无性系育种涉及基本群体、选择群体、育种群体和生产群体等建设。基本群体由某一特定改良世代的所有可能通过无性繁殖利用的树木组成，包括成千上万个基因型。选择群体主要由基本群体中挑选出来的优树组成，一般包括几十个到上千个基因型。育种群体则来源于选择群体的部分或全部优树，是构成下一世代基本群体和选择群体的来源。生产群体来源于选择群体优良无性系对比试验选育出的品种，一般由几个或几十个优良基因型组成。

自基本群体选择开始直到生产群体选育出的品种进入生产应用构成无性系育种程序，主要包括基因资源收集与保存、杂交等人工诱变及选择、无性繁殖和幼化技术、无性系测定、无性系选择等环节。在无性系育种中应注意把握以下要点：

(1) 基因资源收集与保存是无性系育种的物质基础。当一个或数个无性系的遗传增益被证实并得到推广之后，受经济利益驱动，可能会在短期内造成数个无性系取代原有的人工林甚至天然林的局面，导致树种遗传基础过度窄化。因此，在选育和利用优良无性系的同时，要注意种质资源库建设，广泛收集和保存基因资源，为执行稳定而长期的无性系选育计划奠定基础。

(2) 自然变异选择或人工变异创制是无性系选育的前提。与作物相比，林木大多数处于野生或半栽培状态，自然变异的利用潜力很大，通过选择自然变异就可以获得较好的效果。在选择利用自然变异的基础上，还可进一步通过杂交、染色体加倍、理化诱变、转基因或基因编辑等分子育种技术创造人工变异，为林木无性系育种提供更加丰富的基本材料。

（3）无性繁殖与幼化技术是无性系育种的必要条件。通过选择自然变异或人工诱发变异，任何树种均可以获得遗传增益远超出群体平均的优良品系(基因型)。但是，这些优良品系能否实现规模化生产应用和可持续经营，关键在于能否建立简单实用、低成本的无性繁殖和幼化技术体系。

（4）无性系测定是无性系选育的核心环节。无性系测定是通过对所选育无性系进行田间对比试验，评价判定无性系性状遗传表现优劣及其稳定性的过程，是无性系育种的核心工作。无性系测定包括无性系苗期对比试验和田间对比试验。对比试验一般要求育苗和造林的立地条件均一，繁殖材料、造林苗木及栽培管理措施一致，尽量减少环境误差。

（5）无性系选择是无性系育种的成功保证。无性系与环境相互作用表现为生长、适应性和稳定性差异，优良无性系只有与适宜的环境条件相配合，才能取得最大限度的增产效果。因此，无性系育种应该更加重视适地适基因型选择。要通过多地点区域化试验，为特定环境选择出特殊适应性无性系，或为适生范围选择出广泛适应性无性系。

二、无性系繁殖

无性系繁殖主要采取扦插、嫁接、组织培养、体胚培养等繁殖方法。不同的树种因其生物学特性不同，适用的无性系繁殖方法不尽一致。

（一）扦插繁殖

扦插繁殖是树木无性繁殖的主要方法，指利用植物器官的再生机能，由原株上切取一定规格的茎、枝条、叶、根等材料插入基质中，在适宜的外部环境条件下再次形成完整植株的繁殖方法。按扦插材料的性质可分为硬枝(冬枝)、嫩枝(春枝和夏枝)、根、叶或针叶束扦插等。扦插繁殖具有操作简单易行、效率高、成本低的优点。杨树、桉树、湿地松、辐射松、杉木、云杉、落叶松等树种都有大规模扦插繁殖良种的成功经验。插条再生取决于树种自身遗传特性及其与外部环境因素的相互作用。插条生根是扦插繁殖的关键。扦插生根难易与树种、种源、无性系、采条母树的年龄、采条部位、采条季节,以及扦插基质、湿度、温度、光照、是否施加激素处理等有关。扦插繁殖受成熟效应、位置效应影响较大。成熟效应是指无性繁殖材料发育阶段对无性繁殖效果的滞后影响。扦插中采穗母树年龄越大,则发根期越长、生根率越低等。位置效应是指无性繁殖材料采集部位对无性繁殖效果的影响。如用树冠上部的枝条扦插、嫁接繁殖,会出现斜向生长、顶端优势不明显、提早开花结实等。

(二)嫁接繁殖

嫁接繁殖是将一个植株的芽或短枝条与另一植株的茎段或带根系植株适当部位的形成层间相互结合,从而愈合生长并发育成新植株的方法。前者称为接穗,承受接穗的部分称为砧木。对于扦插不易生根的树种,嫁接繁殖是其无性系繁殖的重要途径。由于能充分利用接穗的位置效应,因此,这种方法适宜于一些有性繁殖败育、扦插不易生根、种子繁殖时品种特性容易发生变异、树势衰弱及病虫害严重的树种的无性繁殖。嫁接的方法很多,按嫁接材料的来源不同可分为枝接、芽接和针叶束(短枝)嫁接;按取材的时间不同可分为冬枝接、嫩枝接;按嫁接方式不同又可分为劈接、舌接、切接、袋接、哨接、靠接、髓心形成层对接等。嫁接成功的关键因素是砧木选择,还取决于砧木与接穗活力、嫁接方法、嫁接季节、环境条件、嫁接技术以及嫁接后的管理等。

(三)组织培养繁殖

组织培养(简称组培)是在无菌条件下,将离体的植物器官、组织、细胞以及原生质体接种于培养基上,在人工控制的环境条件下进行培养,以获得完整再生植株的一种技术方法。组织培养繁殖具有增殖快、成本低、苗木幼化整齐、易于批量生产、管理方便等特点。目前,国内一些桉树良种均采用组培进行工厂化育苗。

组织培养的主要技术环节包括：培养基配制、无菌培养体系建立、外植体分化及芽增殖和继代培养、完整植株获得、试管苗炼苗、出瓶移栽等阶段。组织培养的一般程序是：

(1)根据林木特性选取合适的外植体，配制含有适宜配比生长素类和细胞分裂素类植物生长物质的培养基，将体表灭菌后的外植体接种于诱导培养基中进行诱导培养产生茎芽。

(2)根据植物特性选用合适的继代培养基，茎芽在继代培养基上增殖培养。

(3)将达到一定长度的茎芽转移到生根培养基中诱导不定根。

(4)当不定根达到一定长度时进行炼苗。

(5)将炼苗后的组培苗移栽至光照充足的温室或塑料大棚中，选择疏松、透水、通气的珍珠岩、河沙、草炭、疏松肥沃土等配成的混合基质，继续培育可以用于造林绿化的组培苗。

保持试管苗继代和增殖培养能力是组培生产的关键，与树种、基因型、外植体类型、培养基及培养条件、继代次数等密切相关。

(四)体胚培养繁殖

体胚培养(体细胞胚胎培养)是指不通过受精过程，离体培养下经胚胎发育形成胚状体，再生长发育形成完整植株的过程。根据体细胞胚胎发生方式，可分为从外植体上直接发生，在固定培养基上形成愈伤组织再分化产生细胞胚，悬浮培养产生胚性细胞团再形成体细胞胚。影响林木体细胞胚诱导的因素很多，其中适当的外植体最为关键，其他影响因素还包括培养基、碳源、微量元素、氮源成分、琼脂、蔗糖浓度以及渗透压、光照、温度、pH值等。辐射松、挪威云杉、火炬松、花旗松等树种的体胚繁殖技术已被一些企业开始应用于大规模造林。

三、无性系造林

无性系造林主要采取扦插造林、植苗造林等方法。具体技术要求参照《造林技术规程》(GB/T 15776—2016)执行。

与传统的通过有性繁殖家系育种造林相比，通过无性繁殖选育优良无性系品种造林，在产品产量、经营周期、经济效益等方面具有明显优势。一般来说，针叶树无性系造林的遗传增益可在家系造林的基础上平均提高10%~25%。美国开展小规模火炬松、湿地松优良无性系栽培试验的遗传增益达50%以上。芬兰选育出的挪威云杉优良无性系'V49''V382''V383'等三十七年生林分的木材产量达到600m^3/hm^2以上。英国每年扦插繁殖600万株西加云杉，其遗传增益比种子园材料高出50%。杨树、桉树等阔叶树种无性系造林效果更加突出，可实现25%~50%甚至更高的遗传增益。巴西大规模采用尾巨桉等优良杂种无性系造林，七年生林分年均生长量40~50 m^3/hm^2。刚果黑角地区桉树无性系木材产量达传统经营的3倍，无性系人工林每年每公顷造纸纤维产量为传统经营的5倍。我国推广种植的欧美杨'Ⅰ-107''108'无性系每年每公顷木材产量可达22.5~37.5m^3，比传统品种高出60%以上；全国桉树无性系人工林平均每公顷年生长量15m^3，生长量高的地区可达20~25m^3。

发展无性系林业，特别是大规模开展无性系造林，也会带来一些问题。一是生物多样性降低引起生物同质化。由于无性系造林具有极强的目的性，以优良个体选择作为基本选育目标，以高产量、高经济性状为经营目的，在经济利益的诱惑下，如果大范围营造单一无性系林木，或在无性系人工林种植区缺少科学合理的树种和品种配置，可能导致其他物种的生存条件破坏，抑制生物多样性发展，造成生态系统失衡。二是林分病虫害比较严重。无性系造林形成的人工林结构单一，生态因子简单脆弱，遗传基础狭窄，容易导致病虫害传播、侵染、流行成灾。目前树木遗传改良多着重于生长量的提高，对于树木抗性、适应性和材性等方面遗传改良虽然得到了关注，但尚未取得重要进展。三是经营不当造成土壤肥力衰退。长期集约经营遗传基因一致的无性系人工林，会使土壤肥力渐次衰退。桉树等无性系造林对土壤肥力的过度消耗问题已引起国际生态学家的重视。

针对无性系人工林的优势和劣势，开展无性系造林既要根据不同利用目的及其栽培环境特点，定向选育优良无性系，最大限度发挥优良品种的遗传潜力，也要重视品种选配、种苗培育、栽培管理、抚育管理等措施，实现综合效益最大化。

（1）提倡营造无性系混交林，避免大面积发展单一品种无性系人工林。无性系造林主要围绕高产出、高赢利的栽培目标，一般是选用少数无性系营建集中连片的无性系人工林，对于维护生物多样性、维护生态系统平衡存在一定的风险。营造多个无性系品种混交林可以增强生产群体的自体调节能力，建立相对稳定的森林生态系统。无性系林业发展初期，一些国家规定了无性系造林的品种数目下限，如 7~30 个甚至更多，主要是针对欧洲云杉、辐射松、湿地松等栽培周期比较长的针叶树种无性系造林。巴西规定一般立地上无性系造林应配置 15 个左右无性系品种，特殊立地上可以只安排少量最能适应的无性系。德国、瑞典颁布了无性系林业法，规定欧洲云杉无性系混合繁殖时，母树至少要来自亲缘不同的 20 个全同胞家系和 15 个半同胞家系。对于一个特定树种无性系造林而言，选用多少个无性系较为适宜，应根据树种特性、造林规模、采伐周期、经营强度、管理程度以及造林地点的立地条件、气候特点、病虫害状况等确定，进行统筹考虑，不能一概而论。

（2）无性系造林要更加重视良种的适地适品种栽培。在树木种源、家系和无性系等变异层次，基因型与环境互作（GEI）普遍存在。无性系造林是实现一些特定基因型的利用，无性系的 GEI 效应比种源、家系更大。选用优良无性系品种，配合以适宜的生态环境条件，可以收到最大限度的增产增收效果。因此，无性系造林应该更加重视适地适品种（基因型）选择，为每一块造林地选择出最适宜的优良主栽品种，使优良的基因型与立地最佳配合，发挥优良品种的最大遗传潜力，提高林地利用效率。近年来，一些地区油茶林生产力较低的原因，与未能实现适地适品种栽培有关。此外，鉴于林木无性系品种存在较为显著的 GEI 现象，开展无性系育种时，如果难以选育出在更广泛栽培区域均表现突出的无性系品种，应该适当增加区域化试验的无性系品种数量，为不同造林地点选配更适合的主栽品种，保证实现无性系造林高产高效目标。

（3）无性系造林要重视成熟效应和位置效应的区别利用。要根据培育目标不同，有区别、有针对性地选择幼年性和成年性无性系繁殖材料。对于利用木材以及树体营养器官的树种，应选择利用幼态的幼年性材料，建立采穗圃，促进无性繁殖材料幼化，才能获得更好的无性系造林效果。一些地方在进行无性系造林时，不建设采穗圃，甚至直接使用树冠部位枝条等成年性材料育苗，导致造林后植株斜向生长、顶端优势不明显、提早开花结实等，严重影响了树木生长和林地产出。对于利用花和果实等生殖器官的经济林树种，应选择利用老化的成年性繁殖材料，采取树冠部位枝条作接穗进行嫁接，可促进经济林提早开花结实利用，这已经成为经济林树种良种繁育和栽培利用的习惯。

（4）无性系造林要重视林分密度适时调控和采伐利用。通过适时调控林分密度和采伐利用，是有效防止无性系人工林群体衰退的重要措施，对于无性系造林成效尤其重要。无性系人工林内同一无性系品种各分株的遗传组成相同，其生活习性及个体竞争能力相同，林木对水分、养分等需求具有同质性。随着林龄增加，林内各无性系林木对水分和营养的需求加大，当水分和营养条件不能满足林分生长需求，或持续出现降水减少及地下水位下降时，难以像天然林那样通过自然稀疏进行林分的自我调整，如果不能及时采取人工疏伐措施进行密度调整，林分内各个无性系植株生长势只能"选择"同时衰弱，即在水养资源紧缺时因个体竞争能力相同而发生无性系人工林群体衰退。因此，无性系造林不但要根据造林区域、培育目标等确定适宜的定植密度和栽培管理措施，实现良种与良法配套，还要重视林分数量成熟、工艺成熟、经济成熟的最佳配合评估，合理确定适宜的采伐周期，在无性系人工林达到经济成熟时及时进行间伐或轮伐更新，保证有限林地资源的充分利用。

第四章

飞播造林

飞播造林是指通过飞机播种，为宜林荒山荒地、宜林沙荒地、其他宜林地、疏林地补充适量的种源，并辅以适当的人工措施，在自然力作用下使其形成森林或灌草植被，提高森林植被覆盖率的技术措施。飞播造林在加快我国造林绿化进程、快速消灭荒山、恢复森林植被、推进防沙治沙中发挥了重要作用。飞播造林实质上是人工播种造林的一种技术延伸，其主要特点是可以在大面积的、集中连片的、人力难以到达的荒山、荒地、荒沙地区开展播种造林，具有速度快、效率高、成本低等特点。

第一节 飞播造林发展历程

1956年，在毛泽东同志发出"绿化祖国"的伟大号召下，时任广东省委书记、省长的陶铸同志提出了用飞机播撒林木种子造林、加快造林绿化步伐的设想。广东省于1956年3月在吴川县首次进行飞播造林试验，从而拉开了我国飞播造林的序幕。我国飞播造林经历了试验、试点推广和全面发展3个阶段。

试验阶段：包括局部地区初试（1958—1962年）和全国试验（1963—1973年）两个阶段。1958年，甘肃、四川、青海、陕西等省开展了飞播造林初步试验，但由于播区选择不当、播种季节、种子质量等原因，均未成功。1959年6月，四川省总结经验教训，在凉山州再次开展飞播造林试验，调整了播种季节，试播面积7000hm^2，飞播树种有云南松、华山松、蒙自桤、马桑、密油枝等，年底调查云南松成苗率达60%以上，试验获得首次成功，在我国建立了第一片飞播林。1958—1962年期间，先后有甘肃、四川、青海、陕西、内蒙古、宁夏、新疆、河南、山西、黑龙江、北京、云南、贵州、广西、湖南、湖北、浙江17个省（自治区、直辖市）分别在风沙区、黄土高原、石质山区和南方山地进行了飞机播种造林种草试验，由于播区自然条件、立地条件、树种草种、飞播时间等多方面原因，成效参差不齐，有的飞播效果良好，有的效果较差。1963、1965、1967年，林业部先后3次召开飞播造林经验交流会，总结推广四川等地飞播造林成功经验，推动了飞播造林试验向前发展。1972年，全国飞播面积 $506 \times 10^4 \mathrm{hm}^2$，平均每年增加约 $67 \times 10^4 \mathrm{hm}^2$，我国飞播造林进入全国试验阶段。

试点推广阶段（1973—1982年）：通过对20世纪五六十年代全国飞播造林试验的总结，在林业部推动下，全国进入了全面推广飞播造林的试点阶段。这一时期，贵州、广西、广东飞播马尾松，云南飞播云南松，浙江飞播黑松，陕西飞播油松相继试验成功。南方重点省份飞播面积大幅度增加，范围进一步扩大，四川、贵州、广东、广西、云南等省（自治区）每年飞播造林都在 $7 \times 10^4 \mathrm{hm}^2$ 以上。北方河北、陕西、河南等省也相继推广，河北飞播油松取得成功，陕西在延安地区飞播油松、柠条、沙打旺，在榆林流动沙地飞播踏郎、花棒、白沙蒿等灌草植被试验成功，飞播造林种草区域由湿润多雨的南方地区发展到干旱少雨的北方地区。这十年是我国飞播造林试点推广大发展的十年，南方广东、广西、四川等主要飞播省份形成了 $3 \times 10^4 \sim 50 \times 10^4 \mathrm{hm}^2$ 规模不等的飞播林基地，特别是北方地区飞播造林种草试验取得重大突破，可供飞播造林的树种草种越来越多，飞播地域不断扩大。

全面发展阶段（1982年以来）：1982年之前，各省根据飞播造林试验情况，相继将飞播造林作为造林绿化的重要方式之一列入营造林生产计划，但未列入国家计划。1982年，邓小平同志在林业部报送的《关于飞播造林情况和设想的报告》上做出重要批示，要求把飞播造林纳入国家计划，地方做好规划和地面工作。从此，飞播造林纳入国家计划，进入有序推进、全面发展阶段。这一时期,通过召开一系列飞播造林现场经验交流会、技术培训班,飞播造林技术逐步普及,水平不断提高,成效更加明显。林业部组织开展了飞播造林成效调查和宜播面积清查(简称"两查");组织各省(自治区、直辖市)编制了飞播造林长远规划和阶段性计划,建立了飞播造林成效调查制度。各地成立了省、地、县飞播造林领导机构和多部门参加的协调组织,建立了工程技术队伍体系。飞播造林技术管理制度也逐步建立并日趋完善。1979 年,林业部和中国民航总局共同制定颁布了我国第一部《飞机播种造林技术规程(试行)》。1988 年,对原规程进行了修订并以林业行业标准印发各地执行。90 年代初,随着种子包衣技术、全球定位系统导航技术等先进技术的逐步成熟,飞播造林已成为我国造林绿化主要方式之一,林业部再次组织修订《飞播造林技术规程》,并上升为国家标准,1995 年 3 月实施。同年,又制定颁布了林业行业标准《飞播治沙技术规定》。1998 年长江、松花江大洪水之后,我国启动实施了天然林保护等六大林业重点生态工程,将飞播造林、人工造林、封山育林作为林业重点工程的 3 种主要造林方式,持续推进工程区造林绿化,并于 2003、2016 年先后两次修订《飞播造林技术规程》。飞播造林为加快国土绿化、扩大森林面积、提高森林覆盖率发挥了重要作用。近年来,随着我国造林绿化持续稳步推进,各地集中连片的大面积荒山逐步减少,飞播造林这种造林绿化方式的应用逐步减少。但是,随着导航技术越来越精准化,无人机等先进技术越来越成熟、应用越来越广泛,近年来湖南等省(自治区、直辖市)正在探索使用无人机等新技术手段,对地形破碎、人力难及的困难造林地开展无人机飞播造林试验,取得了初步成效。

　　经过 60 多年的发展,我国飞播造林的区域重点由东南部向北部、西部转移;飞播造林地类由山区为主发展到山区、沙区、疏林地、采伐和火烧迹地更新;混播造林、多树种草种种子处理、种子包衣、播区植被处理等技术的应用使飞播造林成效大幅度提高;飞播机型由单一固定翼飞机发展为直升机、气力喷播机乃至现在的无人机等多种机型;飞播导航技术从人工地面导航、固定地标导航发展到现在的全球卫星定位导航。

第二节 飞播造林技术要求

一、原则要求

(1) 飞播造林应坚持统一设计、综合作业。

(2) 飞播造林应在对各方面条件充分分析论证的基础上开展工作，并辅以补植、补播等措施。

(3) 飞播造林应具备符合使用机型要求的机场或保证飞机安全起降条件的场所，并具有承担飞播作业的专业技术队伍。

(4) 飞播造林应按照所属林业生态工程规划内容进行作业设计，按设计实施，按标准评定验收。

(5) 飞播造林作业设计单位必须具备从事飞播造林规划设计的专业能力。

二、播区选择

选择恰当的飞播区域是确保飞播造林成效的重要前提。飞播区域的选择直接关系着飞行安全、飞播成本以及播后种子能否正常存活与生长等问题。如果播区域选择不好，飞播施工、后期管理等各项技术措施落实不到位，都将影响飞播成效。

1. 播区的自然条件

(1) 应具有相对集中连片的宜播地，面积一般不少于飞机一架次的作业面积。

(2) 宜播面积应占播区总面积60%以上；北方山区和黄土丘陵沟壑区，播区应尽量选择阴坡、半阴坡，阳坡面积一般不超过40%。

(3) 播区地形起伏在同一条播带上的相对高差不超过所用机型飞行作业的高差要求，应具备良好的净空条件，两端及两侧的净空距离应满足所选机型的要求，主要飞播造林飞机机型技术参数参见《飞播造林技术规程》(GB/T 15162—2018)附录A。

(4)地形地貌、地质土壤、水热条件等自然立地条件适宜飞播造林。

2. 播区的社会条件

播区土地权属明确,所在乡、村领导重视,群众认可飞播造林,并能承担播前播区地表处理和播后管护任务。

三、飞播树(草)种选择

1. 飞播树种选择

飞播树种应具备以下特性:①天然更新能力强、种源丰富的乡土树种;②中粒或小粒种子,产量多,容易采收、贮存的树种;③种子吸水能力强,发芽快;幼苗抗逆性强,易成活的树种;④适宜自然立地条件,具有一定经济价值、生态价值和景观价值的树种。

2. 飞播草种选择

飞播草种应具备以下特性:①具有抗风蚀、耐沙埋、自然繁殖力强、根系发达、株丛高大稠密、固沙效果好的多年生草种;②有利于乔、灌树种生长和植被群落发育的草种。

四、飞播种子

(一)飞播种子质量

飞播造林的种子质量应达到《林木种子质量分级》(GB/T 7908—1999)规定的二级以上(含二级)种子质量标准。

(二)种子采收与调运

飞播用种优先选用本地区优良种源和良种基地生产的种子,外调种子应符合《中国林木种子区》(GB/T 8822.1~13—1988)规定的调拨范围和国家林业和草原主管部门的有关规定。

(三)种子使用

飞播造林用种实行凭证用种制度,用于飞播造林的种子必须具有森林植物(种子)检疫证、检验证及种子标签,供种单位应具有种子生产经营许可证。种子的检验、检疫及贮藏,执行《林木种子检验规程》

（GB 2772—1999）、《林木种子贮藏》（GB/T 10016—1998）及国家林业和草原主管部门的有关规定。

（四）种子处理

飞播前要对种子进行处理，以增加种子粒径和重量、减少种子漂移和鸟鼠危害，促进种子发芽。飞播种子处理方法主要有机械处理、药物浸种处理、种子涂层处理、种子丸衣化处理等。需根据不同的飞播区域，针对不同的种子采取不同的处理方法。机械处理主要是针对种壳坚硬、带蜡质、种子包在荚果内等类型的种子进行破壳、脱蜡、去翅、脱芒、筛选的方法。经过机械处理后，种子易于吸水、萌发、发芽，提高飞播成效。药物浸种处理的作用主要是加强种子内部生理过程，缩短发芽时间，提高发芽势。种子涂层处理主要有吸水剂涂层处理和防护剂涂层处理，以利于种子更好地吸水、保水，以及减少鸟兽对种子的危害。种子丸衣化处理是在种子外面包上一层含有杀虫剂、杀菌剂、忌避剂、复合肥料、微量元素、植物生长调节剂、保水剂、缓释剂和成膜剂的药剂"外衣"，这层外衣称为种衣剂。种子经过丸粒化处理后会增大体积，有利于飞机播种，增加着地稳定性，并且种子在萌发过程中可以免受土壤里害虫的咬食或起到抗旱的作用等。榆林沙区通过多年飞播摸索出的飞播种子大粒化处理与黏胶化处理，黏胶化处理明显优于大粒化处理，胶化处理种子比大粒化处理的种子重量降低了 1~1.5 倍，工效提高了 2~3 倍，也节约了飞播造林成本。对花棒种子采用黏胶化处理，经黏胶化处理的种子在风速达到 8.8m/s 时，仍未发生位移。内蒙古、辽宁、河南等地对踏郎、油松等种子应用多效复合剂拌种进行试验，可降低播种量，减少飞行架次，明显提高有苗率、降低种子损失率、缩短出苗时间、促进苗木生长、降低飞播成本，同时还可有效防止鸟兽危害，提高飞播成效。

五、飞播调查设计

飞播造林应在播区调查的基础上，以播区或小播区群为单位进行飞播造林作业设计。

(一)飞播调查

1. 播区调查包括踏查和详细调查

踏查一般是采取路线调查的方式,观察拟开展飞播造林地区全貌以及地形、净空情况,目测宜播面积比例,了解土地权属,框划播区范围。在开展过森林资源调查的地区或区域,也可以利用近期森林资源调查、林地规划等成果确定播区范围。详细调查包括自然条件、社会经济、小班区划调查等。

2. 自然条件调查

调查内容包括播区范围的地形、地势、气候、土壤、植被及森林火灾和病、虫、鼠、兔害等。

3. 社会经济调查

调查播区范围人口分布、道路交通、土地权属、农林业生产、农村能源消耗、畜牧种群数量、放牧习惯、劳动生产定额以及附近可使用机场等情况。

4. 小班区划调查

小班区划调查包括小班区划和小班调查。

(1)小班区划。通过现地区划界定飞播造林播区地类面积及分布情况,根据播区宜播地类的自然分布情况,结合当地飞播造林可供使用飞机的飞行作业特点,利用地形图、最新遥感影像或航片调绘确定播区边界;准确量算、统计播区宜播面积,计算播区宜播面积率;落实飞播造林技术措施,准确计算相关工程量。在此基础上,以播区为单位,利用测绘部门绘制的最新比例尺为 1∶50 000 或 1∶25 000 的地形图,现地或根据最新遥感影像或航片进行小班勾绘;小班最小面积以能在地形图上表示轮廓形状为原则,最小小班面积不小于 $0.2hm^2$,最大小班面积不超过 $40hm^2$;并分别地类划分小班,地类分类系统执行国家林业主管部门森林资源规划设计调查的有关规定。沙区播区小班区划中,应同时兼顾到沙丘类型和形态,区别划分丘间低地、背风坡、迎风坡。

(2)小班调查。采用小班目测和随机设置样地(标准地)实测相结合的方法调查。小班调查内容包括:对非宜播地类只调查地类;对宜播地各地类详细调查地形地势、土壤、植被、土地利用情况等项目，分别对各项目相关调查因子进行调查记录。对地形地势记录坡位、坡向、坡度、海拔，对土壤记录土壤种类(土类)、土层厚度以及腐殖质层厚度，对植被记录灌草植被的种类、起源、覆盖度、平均高度以及分布情况，疏林地、低效林地还应调查树种组成、平均年龄、平均胸径、平均高、郁闭度、自然度、天然更新情况，对土地利用状况记录开荒、樵采、放牧等人为活动情况。通过详细调查，现场综合分析小班宜林宜播性，并经过内业整理播区调查卡片，求算小班面积，统计播区宜播面积。

(二)飞播设计

1. 飞播树(草)种及配置设计

需要注意3个问题：①树种配置方式分乔木纯播、乔木混播、乔灌混播、灌木纯播、灌木混播、灌草混播6种类型。要根据造林绿化规划、播区立地条件和森林培育目标，科学选择树(草)种配置方式。②为提高森林防火、保持水土和抵抗病虫害能力，提倡针阔混交、乔灌混交、灌木混交，采用全播区或带状混播等方式进行播种，培育混交林。③树(草)种设计可参照《飞播造林技术规程》(GB/T 15162—2018)附录C。引进树(草)种要经试验成功后方可应用。

2. 播种期设计

在保证种子落地发芽所需的水分、温度和幼苗当年生长达到木质化的条件下，以历年气象资料和以往飞播造林成效分析为基础，结合当年天气预报，确定最佳播种期。

3. 播种量设计

按照既要保证播后成苗、成林又要力求节省种子的原则设计播种量。可结合播区实际参照《飞播造林技术规程》(GB/T 15162—2018)附录D，设计每架次载种量，计算播区种子需要量，并设计种子处理方式和方法。

4. 地面处理设计

(1)植被处理设计。对草本、灌木盖度偏大，可能影响飞播种子触土发芽和幼苗生长的小班，可进行植被处理设计；对于水土流失严重和植被稀少小班，应提前封护育草(灌)，使草(灌)植被有所恢复，以提高飞播成效；植被处理设计落实到小班，并计算相应工程量。

(2)简易整地设计。为提高土壤保水能力和增加种子触土机会，对地表死地被物厚或土壤板结的播区地块，视交通情况，可设计简易整地，并计算相应的工程量；沙区流动、半流动沙地上实施飞播作业，可选择风蚀沙埋地段搭设沙障。结合播区条件，设计材料种类、沙障长度，并计算工程量和材料需要量等。

5. 机型与机场的选择

根据播区地形地势等地貌特点和机场条件，选择适宜的机型；根据播区分布和种子、油料运输、生活供应等情况，就近选择机场；若播区附近无机场，经济合理的条件下可选建临时机场。

6. 飞行作业方式设计

根据播区的地形和净空条件、播区的长度和宽度、每架次播种带数和混交方式，设计飞行作业方式。飞行作业方式分为单程式、复程式、穿梭式、串联式以及重复式等；根据设计的树(草)种、播种量及飞行作业方式，设计飞行作业架次组合。

7. 飞行作业航向设计

按基本沿着相同海拔飞行作业的原则，结合播区地形条件，确定合理的飞行作业航向，图面量算播区的飞行方位角；一般航向应尽可能与播区主山梁平行，在沙区可与沙丘脊垂直，并应与作业季节的主风方向相一致，侧风角最大不能超过30°，尽量避开正东西向。

8. 航高与播幅设计

根据设计飞播树(草)种的特性(种子比重、种粒大小)、选用机型、播区地形条件确定合理的航高与播幅。为使飞播落种均匀，减少漏播，一般每条播幅的两侧要各有15%左右的重叠；地形复杂或风向多变地区，每条播幅两侧要有20%的重叠。

9. 导航方法设计

根据播区具体情况和机组的技术条件设计采用卫星定位导航。

10. 播区管护设计

依据播区社会经济情况、土地权属等，结合飞播造林的经营方向，提出播后 5~7 年内适宜的封育管护形式和措施。参照执行《封山育林技术规程》(GB/T 15163—2004)及国家林业和草原主管部门的有关规定。

11. 投资预算

(1)直接生产费。种子费、飞行费、地面处理费、勘察设计费、飞播作业费、播区管护费等。

(2)管理费。技术培训费、施工监理费、成苗及成效调查费、检查验收建档费、办公费等。

(3)补植、补播费及复播费等。

六、飞播施工作业

(一)播前准备

(1)播区准备。包括播区标示和播区地面处理。根据播区作业图所标示的播区边界及端拐点地理坐标,于播前现地准确落实播区边界四至,在各端拐点埋桩或沿边界制做标志牌进行播区标示。根据播区设计要求,于播前落实完成播区植被处理、简易整地、沙障搭设等播区地面处理。

(2)种子及物资准备。根据设计按树种、数量、质量将种子准备到位,并采购准备好种子处理必需的物资材料,以及种子处理等工作所必需的工器具。

(3)飞行协调。播前要协调、落实飞播作业机场与飞行作业单位,并就各方的责任、义务、利益等方面内容签订书面合同,保证机场正常开放和飞机按时进场。

(4)试播。在飞播作业之前选择具有代表性的区域实施试行飞播作业,采集与飞播造林相关的各类数据,测试、分析、调节、修正相关参数,使其达到飞播造林设计要求。

(5)播前准备工作验收。由主管部门对播前各项准备工作组织检查验收,验收通过后方可实施飞播作业。

(二)飞播作业

(1)指挥管理。飞播作业期间,强化组织管理,统筹安排机场、播区、飞行、通讯、气象、种子处理及装种、质量检查、安全保卫、生活后勤等各项工作，协调解决飞播作业过程中的有关问题。

(2) 天气测报。气象人员按时观测天气实况，对机场、航路及播区按飞行作业要求及时报告云高、云量、云状、能见度、风向、风速、天气发展趋势等有关因子。

(3) 通信联络。建立统一的飞播指挥通信系统，配备配齐通信设备，保证地面与空中、地面与地面之间的通信畅通，做到信息反馈及时准确，保证飞行安全和播种质量。

(4) 试航。飞行作业前，飞行单位应进行空中和地面视察，熟悉航路、播区范围、地形地物，检测通信设备，并拟定作业方案。

(5) 种子处理及装种。按设计要求进行种子处理，经处理合格的种子方可装种上机，并应严格按每架次设计的树(草)种数量装种。

(6) 飞行作业。按照飞播造林设计、飞播技术规则和安全飞行等相关规定和要求进行飞播作业，影响飞行安全和飞播质量时应停止作业。

(7) 安全保卫。飞行作业和机场管理必须按照飞行部门的有关规定及飞播作业操作细则制定飞播造林施工作业安全预案，确保人员、飞机和飞行安全。

(8) 播种质量检查。飞机播种作业的同时进行播种质量检查。按设计播区作业图图示接种线位置顺序进行，一般在接种线上从各播带中心起，向两侧等距设置 1m×1m 接种样方 2~4 个，逐样方统计落种粒数并量测实际播幅宽度。使用卫星定位导航作业时，播种质量检查采取地面接种与查看卫星定位导航仪记录的航迹相结合，综合评判飞行作业质量。播种质量检查信息，特别是出现偏航、漏播、重播时应及时反馈，以便纠正或补救。播种质量检查标准为：实际播幅不小于设计播幅的 70% 或不大于设计播幅的 130%；单位面积平均落种粒数不低于设计落种粒数的 50% 或不高于设计落种粒数的 150%；落种准确率和有种面积率大于 85%。

(三) 播后管理

(1) 封育管护。飞播作业后，播区必须严格封护。封育管护期限

5~7年。应制定封育管护制度,建设封护设施,落实管护机构和人员,签订管护合同,落实管护责任。

(2)补植补播。播区成苗调查达到成苗合格标准的播区,但难以达到成效标准时,应适时进行补植补播,直至达到成效标准。补植补播执行《造林技术规程》(GB/T 15776—2016)的有关规定。

(3)复播。播区成苗调查结果为不合格的播区,在认真分析论证的基础上,组织实施复播作业。

第三节　飞播造林成效调查评定

一、出苗观察

为了及时掌握播区种子发芽、出苗、幼苗成活及生长变化情况,预测成苗效果,进行出苗观察。一般播后种子发芽即进行观察,每季度观察不少于1次,连续观察至播区成苗调查时结束。

二、成苗调查

为掌握播后播区范围内幼苗密度及生长、分布情况,应适时开展成苗调查,为补植、补播或复播等飞播造林技术措施的开展提供依据。

(1)调查时间。调查时间宜于飞播作业结束后2~3年进行。

(2)调查内容。宜播面积内有效苗种类、数量;同时对苗高以及苗木生长、分布情况进行调查。

(3)调查方法。按照成数抽样、线路调查。以播区或小播区群为总体,在播区宜播面积上按不同飞播树种、不同立地类型和不同地类,选择调查线路。按有苗面积成数估测精度要求达到80%、可靠性为95%,计算样地数量。要按照调查线路和样地间距的计算结果进行设置样地,对样地进行实地调查和统计,并进行成苗等级评定。

(4)成苗评定。成苗合格分类,以播区或小播区群为评定单位,按宜播面积平均每公顷有效苗株数、有苗样地频度2个指标划分标准,每公顷有效苗株数与有苗样地频度2个指标同时达到规定的标准时视为合格。成苗等级评定标准参见《飞播造林技术规程》(GB/T 15162—2018)。

(5)成苗调查成果。飞播造林成苗调查应提供成苗调查报告，分析统计结果，以播区为单位评定成苗等级，参见《飞播造林技术规程》附录B，计算成苗面积；结合出苗观察，阶段性评价飞播造林效果，提出下一步工作建议。

三、成效调查

1. 调查时间

飞播后5~7年，对播区进行成效调查。对实施复播的播区，成效调查时间可以顺延，但时限不超过8年。

2. 调查内容

调查内容包括成效面积以及平均每公顷株数、苗高和地径、苗木生长及分布情况等。

3. 调查方法

(1)成数抽样调查法。方法同成苗调查，样地宜使用圆形样地，样地面积10m²。

(2)成效面积调绘法(小班调查法)。以成效面积为主要调查因子，利用播区作业图、1∶10 000比例尺地形图或航片、高分辨率遥感影像进行现地小班调绘和样地调查。当郁闭度(灌木覆盖度)达到小班合格标准时，用郁闭度(覆盖度)评价小班，否则采用样圆调查有效苗株数。样圆调查技术要求参见《飞播造林技术规程》。

四、成效评定标准

(1)样圆合格标准。旱寒区：10m²样圆内有1株以上(含1株)乔木有效苗，或1丛以上(含1丛)灌木有效苗；其他区域：10m²样圆内有1株以上(含1株)乔木有效苗，或3丛以上(含3丛)灌木有效苗。

(2)小班合格标准。参照《造林技术规程》的造林成效评价的有效小班为合格小班。

(3) 成效综合评定。以播区或小播区群为评定单位,按照成效面积占宜播面积比例评定飞播成效。成效面积≥20%,成效评定为合格,否则为不合格。

第五章

封山育林

第一节 概述

封山育林是我国造林绿化的重要方式，是遵循森林演替的动态变化规律，利用林木的自然繁殖能力（天然更新能力），以封禁为主要手段，辅以人工促进措施，使具有天然下种或萌芽（萌蘖）更新能力的疏林、灌丛、采伐迹地、荒山荒地以及其他林地恢复和发展为森林或灌草植被，扩大森林面积、提高森林质量的技术措施。封山育林坚持尊重自然、顺应自然、保护自然、以自然修复为主的原则，充分依靠自然力量，对退化生态系统进行修复和治理，进而保护和扩大森林资源、恢复生态环境，在我国由来已久而且行之有效，被国外专家称为"中国式造林法"。

封山育林是早在公元前4世纪我国就采用的一种扩大森林资源的传统方法，历史悠久。在《吕氏春秋·审时篇》《简子·王制》《管子·轻重己篇》《齐民要术》《孟子·告子上》《国语·郑语》等文献里都有强调人与自然和谐发展的思想，被认为是封山育林的雏形思想。最早记载封山育林具体措施的是《管子》里的封山育林时令表，提出要把握住"育"和"采"的"时"与"序"。郦道元在《水经注》中记载，祖先在修筑长城时就开始营造榆溪塞以保护长城和屯兵，其中一项重要措施就是"封禁"。《中国森林史料》考证，清王朝初期，对东北地区实行了禁止采伐森林、采矿、渔猎和农牧的"四禁"政策，封山育林的措施已基本成形。近代以来，封山育林作为一种"乡规民约"被各地广泛应用并持续至今。但是，真正意义上的封山育林还是源于 1949 年以后，发展于改革开放时代，兴盛于 21 世纪。

中华人民共和国成立以来，我国封山育林大致经历了 4 个阶段：

(1)第一阶段，确立期(1949—1956 年)。根据经济建设的需要，国家明确了封山育林的方针、任务和工作重点，号召各地开展封山育林。1950 年，我国成立的第一个工作计划中明确提出要封山育林 4312 万亩①，封山育林正式纳入到了国家计划之中。1952 年时任林业部长梁希先生指出，"封山育林是不作为的作为"，对中华人民共和国成立初期的封山育林工作极具意义。

(2)第二阶段，停止期(1957—1976 年)。受"大跃进""文化大革命"影响，封山育林被认为是"没有骨气""懦夫懒汉"思想，被当作一种落后的生产方式受到批判，因而未能得以持续实施。

(3)第三阶段，恢复期(1977—1990 年)。改革开放后，我国造林绿化步伐加快，封山育林重新受到重视。1984 年，《中华人民共和国森林法》(以下简称《森林法》)明确规定："必须封山育林的地方，由当地人民政府组织封山育林"。1985 年，林业部在江西省九江市召开了第一次全国封山育林会议，要求各地把封山育林作为加快发展林业、绿化祖国山河的一项战略措施，下大力气抓紧抓好。1988 年，林业部印发了《封山育林管理暂行办法》，提出"以封为主、封育结合"原则，对封山育林的封育对象、规划编制、检查验收、资金政策、奖励措施等做出了规定。1989 年林业部印发《关于切实加强封山育林工作的通知》，对封山育林工作进一步提出了明确要求。1990 年国务院批准实施的《1989—2000 年全国造林绿化规划纲要》，将封山育林列入重要建设内容之一。

(4)第四阶段，稳定发展期(1991 年至今)。1995 年颁布了国家标准《封山(沙)育林技术规程》(GB/T 15163—1994)，对封山育林进行了规范。1998 年长江等流域特大洪灾后，国务院制定的灾后重建 32 字指导方针将"封山植树"列为第一条措施，林业重点生态工程将封山育林

---

① 1 亩 ≈ 0.0667hm^2。

列入工程建设内容，传统的封山育林向工程封山育林转变。林业发展"十一五""十二五""十三五"规划，一直将封山育林作为与人工造林、飞播造林同等重要的造林方式。特别是党的十九大提出建设人与自然和谐共生的现代化，必须坚持节约优先、保护优先、自然恢复为主的方针。封山育林既是增加森林面积、生态保护和修复的重要途径，也是调整改善森林结构、提高森林质量的重要措施，封山育林的战略地位越来越突出，进入了持续稳步推进的新阶段。

第二节　封山育林技术要求

一、总体要求

封山育林应遵循的原则是坚持生态优先，生态、经济、社会效益兼顾。应充分保护封育区内已有的天然林木、珍稀植物、古树名木和野生动植物栖息地，保障野生动物活动；坚持因地制宜、分区施策。根据封育区内的地形、土壤、植被等立地因子，制定相应的封育措施，分别不同区域，评价封育成效；坚持充分利用自然力、适当人为干预，以封为主，封管造并举，乔灌草结合；恢复森林和提高质量兼顾。要充分发挥封山育林在恢复森林、提高森林质量的作用。除了乔木林、竹林以外，优先采取封山育林措施恢复森林植被；对于郁闭度 0.4 以下的乔木林、竹林，优先采取封山育林措施提高森林质量。

二、封育对象和条件

(一)疏林地、迹地、造林失败地封育

符合下列条件之一的疏林地、迹地、造林失败地，可实施封育。疏林地、迹地、造林失败地的标准按照《林地分类》(LY/T 1812—2009)的规定执行。

(1)有天然下种能力且分布较均匀的针叶母树每公顷 30 株以上或阔叶母树每公顷 60 株以上。如同时有针叶母树和阔叶母树，则按每公

顷内针叶母树除以 30 加上阔叶母树除以 60 之和，如大于或等于 1 则符合条件。

（2）有分布较均匀的针叶树幼苗每公顷 600 株以上或阔叶树幼苗每公顷 450 株以上。如同时有针叶树幼苗和阔叶树幼苗，则按比例计算确定是否达到标准，计算方式同(1)项。

（3）有分布较均匀的针叶树幼树每公顷 450 株以上或阔叶树幼树每公顷 300 株以上。如同时有针叶树幼树和阔叶树幼树，则按比例计算确定是否达到标准，计算方式同(1)项。

（4）如封育区内同时分布有针叶树的母树、幼苗、幼树和阔叶树的母树、幼苗、幼树，则分别按比例计算确定是否达到标准，计算方式和判断标准同(1)项。

（5）有分布较均匀的萌蘖能力强的乔木根株每公顷 450 个以上。

（6）旱区、高寒区，以及热带亚热带岩溶地区、干热（干旱）河谷等地区，针叶母树每公顷 15 株以上或阔叶母树每公顷 30 株以上，或针叶树幼苗每公顷 300 株以上或阔叶树幼苗每公顷 225 株以上，或针叶树幼树每公顷 300 株以上或阔叶树幼树每公顷 150 株以上，或萌蘖能力强的乔木根株每公顷 225 个以上。

（7）有分布较均匀的毛竹每公顷 100 株以上，大型丛生竹每公顷 100 丛以上或杂竹盖度 10% 以上。

（8）其他经封育有望成林(灌)或增加植被盖度的地块。

（二）**乔木林地、竹林封育**

郁闭度<0.40 的乔木林地、竹林，可实施封育。

（三）**灌木林地封育**

国家特别规定的灌木林，盖度<50%；一般灌木林，达到上述二(一)疏林地、迹地、造林失败地封育条件的，均可实施封育。

三、封育目标

根据立地条件以及母树、幼苗幼树、萌蘖根株等情况，可分为 5 种封育植被类型：

(一)乔木型

(1)符合上述二(一)疏林地、迹地、造林失败地封育对象和封育条件(1)(2)(3)(4)(5)规定的,应优先封育为乔木林。

(2)符合上述二(二)乔木林地封育对象及条件的,应优先封育为乔木林。

(3)符合上述二(一)疏林地、迹地、造林失败地封育对象和封育条件(6)(8)规定的,母树下种良好或幼苗幼树生长发育良好的,应优先封育为乔木林。

(二)乔灌型

(1)符合上述二(一)疏林地、迹地、造林失败地封育对象和封育条件(1)(2)(3)(4)(5)规定,但母树下种不良、幼苗幼树生长发育不良的,可封育为乔灌林。

(2)符合上述二(一)疏林地、迹地、造林失败地封育对象和封育条件(6)(8)规定的,封育时具有乔、灌树种的,可封育为乔灌林。

(三)灌木型

达到封育条件,但难以封育成乔木林、竹林、乔灌林的,可封育为灌木林。

(四)灌草型

高原高寒区、干旱区、极干旱区,达到封育条件,但难以封育成为乔木林、乔灌林、灌木林的,可封育为灌草植被。

(五)竹林型

(1)符合上述二(一)疏林地、迹地、造林失败地封育对象和封育条件(7)规定的,应封育为竹林。

(2)符合上述二(二)竹林地封育对象和条件的竹林(郁闭度<0.40),应封育为竹林。

四、封育方式

(1)全封。偏远山区、江河上游、水库集水区、水土流失严重地区、风沙危害严重地区,以及旱区的封育区,以及人畜活动频繁地段、其他生态脆弱而植被恢复困难地段的封育区,宜实行全封。

(2)半封。有一定目的树种、生长良好、林木覆盖度较大、人畜活动对封育成效影响较小的封育区,可采用半封。

(3)轮封。需要在封育区内从事经营活动,且对封育成效影响较小的封育区,可采用轮封。

五、封育年限

根据封育区所在区域、封育类型确定封育年限。一般封育年限如下:

1. 疏林地、迹地、造林失败地封育

(1)亚热带区、热带区。乔木型6~8年,乔灌型5~7年,灌木型4~5年,灌草型2~4年,竹林型4~5年。

(2)寒温带区、中温带区、暖温带区、青藏高原高寒区、干旱、半干旱区。乔木型8~10年,乔灌型6~8年,灌木型5~6年,灌草型4~6年。

2. 有林地和灌木林地封育

(1)亚热带区、热带区。封育3~5年。

(2)寒温带区、中温带区、暖温带区、青藏高原高寒区、干旱、半干旱区。封育4~7年。

干热河谷、石漠化地区封育年限按照寒温带区等区域的规定执行。

六、封育措施

(一)封禁设施

(1)设置围栏。在牲畜活动频繁地区,可设置围栏、围壕(沟),或栽植乔、灌木设置生物围栏,进行围封。

(2)设置哨卡。对于管护困难的封育区可在山口、沟口等人员活动频繁处设哨卡,加强封育区管护。

(3)设置标志牌。封育单位应明文规定封育制度并采取适当措施进行公示。同时,在封育区周界明显处,如主要山口、沟口、主要交通路

口等应树立坚固的标志牌，标明工程名称、在封区四至范围、面积、年限、方式、措施、责任人等内容。封育面积 100hm² 以上至少应设立一块固定标牌，人烟稀少的区域可相对减少。

(4) 设置界桩。封育区无明显边界或无区分标志物时，可设置界桩以示界线。

(二) 保护措施

(1) 开展森林管护。安排专职或兼职护林员，开展对封育区的巡护，防治人畜随意进入封育区，危害幼苗幼树。

(2) 预防森林火灾。将封育区纳入森林防火对象，在做好预防火灾的同时，也做好火灾应急扑救预案。

(3) 防治林业有害生物。将封育区纳入林业有害生物监测对象，一旦发生病虫害，及时采取有效防控措施，防止林业有害生物成灾。在开展必要的林业有害生物防治时，要避免或减少对生态的危害。

(三) 育林措施

1. 基本原则

育林措施应坚持在确保封育成效的基础上，充分利用自然力、适当人为干预的原则实施育林措施。

(1) 有萌蘖能力的乔、灌木幼树、母树，可根据需要进行平茬或断根复壮，以增强萌蘖能力。

(2) 根据当地条件，对符合封育目标或价值较高的树种，特别是珍贵树种，可重点采取除草松土、除蘖、间苗、抗旱等培育措施。

(3) 位于旱区的封育区，有条件的地段可进行浇水，促进母树和幼苗、幼树生长。

(4) 在沙地封育区，可在风沙活动强烈的流动沙地(丘)采取沙障固沙等措施促进封育。

2. 乔木型封育应采取的育林措施

(1) 有较强天然下种能力的乔木，但因灌草覆盖度较大而影响种子触土的地块，可进行带状或块状割灌、除草、破土整地，实行人工促进更新。

(2)乔木母树自然繁育能力不足或幼苗、幼树分布不均匀的地块，可按成效评价标准的要求进行补植或补播。补植或补播技术措施执行《造林技术规程》的规定，形成混交林。

(3)对树种组成单一、结构层次简单、林下幼苗幼树多的有林地封育小班，可采取点状、团状疏伐的方法透光，促进林下幼苗、幼树生长，逐渐形成异龄复层结构的林分。

(4)有林地封育区乔木株数少、郁闭度低、分布不均匀的地块，可采取林冠下、林中空地补植补播的人工促进方式。补植或补播技术措施执行《造林技术规程》的规定。

3. 乔灌型封育应采取的育林措施

(1)有较强天然下种能力的乔、灌木，但因草本覆盖度较大而影响种子触土的地块，可进行带状或块状除草、破土整地，实行人工促进更新。

(2)乔木、灌木自然繁育能力不足或幼苗、幼灌分布不均匀的地块，可按成效评价标准的要求，优先选择灌木树种进行补植、补播。补植、补播技术措施执行《造林技术规程》的规定。

(3)可根据需要，对有萌芽能力的灌木进行平茬或断根复壮，以增强萌蘖能力。

4. 灌木型封育应采取的育林措施

(1)有较强天然下种能力的灌木，但因草本覆盖度较大而影响种子触土的地块，可进行带状或块状除草、破土整地，实行人工促进更新；

(2)灌木自然繁育能力不足或幼苗、幼灌分布不均匀的地段，可按成效评价标准的要求补植、补播灌木树种。补植、补播技术措施执行《造林技术规程》的规定。

5. 灌草型封育应采取的育林措施

在干旱、极干旱区、高原高寒区，以及熔岩石漠化地区、干热河谷地区，经过封育难以达到灌木林标准的，可栽植牧草提高植被盖度。

6. 竹林型封育应采取的育林措施

母竹自然繁育能力不足的地段，可按成效评价标准的要求补植母竹。补植技术措施执行《造林技术规程》的规定。

第三节　封山育林相关法规制度

为加强和推进封山育林，《森林法》等对封山育林做出了明确规定，封山育林纳入国家的法制轨道。

(一)《森林法》

《森林法》明确规定：新造幼林地和其他必须封山育林的地方，由当地人民政府组织封山育林。地方各级人民政府应当组织有关部门建立护林组织，负责护林工作；根据实际需要在大面积林区增加护林设施，加强森林保护；督促有林的和林区的基层单位，订立护林公约，组织群众护林，划定护林责任区，配备专职或者兼职护林员。禁止毁林开垦和毁林采石、采砂、采土以及其他毁林行为。禁止在幼林地和特种用途林内砍柴、放牧。进入森林和森林边缘地区的人员，不得擅自移动或者损坏为林业服务的标志。国务院林业主管部门和省、自治区、直辖市人民政府，应当在不同自然地带的典型森林生态地区、珍贵动物和植物生长繁殖的林区、天然热带雨林区和具有特殊保护价值的其他天然林区，划定自然保护区，加强保护管理。

(二)《森林法实施条例》

《森林法实施条例》明确规定：禁止毁林开垦、毁林采种和违反操作技术规程采脂、挖笋、掘根、剥树皮及过度修枝的毁林行为。擅自移动或者毁坏林业服务标志的，由县级以上人民政府林业主管部门责令限期恢复原状；逾期不恢复原状的，由县级以上人民政府林业主管部门代为恢复，所需费用由违法者支付。

(三)《封山育林管理暂行办法》

国务院林业主管部门依据《森林法》制定了《封山育林管理暂行办法》，明确要求：为组织实施好封山育林，加强管理，提高成效，各省、自治区、直辖市的林业主管部门，在县级林业区划规划的基础上制定封山育林长远规划和年度计划。县级林业主管部门根据封山育林年度计划，组织设计施工，并监督、检查实施情况。国有林业单位的封山育林地，由国有林业单位负责组织封育。国有林业单位无力封育的，可与集体林场、专业户(组)签订合同，进行封育。集体的封山育林地，由乡、村组织封育。群众的自留山，适宜封山育林的由群众自行封育或联户封育。地方各级政府和村民委员会要加强对封山育林的组织领导，采取切实措施解决群众的烧柴及副业生产等困难。林业主管部门要确定专人负责，建立健全封山育林管护组织，发动群众订立乡规民约。

封山育林应坚持"以封为主，封育结合"的原则，采取有效措施，加强管护和培育。封山育林的范围和封育年限，由林业主管部门报请县人民政府批准公布。当地林业主管部门或经营单位，在封山育林区的主要路口树立标牌，注明四至、护林人员及护林公约。森林经营单位在封育期间，对林间隙地要及时补植补造。幼苗、幼树密度超过造林技术规程规定标准的，要及时抚育间伐。林业主管部门在不同类型和不同管理措施的封山育林地，设立固定标准地，定期观察记载，建立封山育林技术档案。县级林业主管部门对当年封山育林计划完成情况要进行检查，对封育期满的要检查验收，符合成林标准的应列入有林地统计，并按其林种进行管理。未达到成林标准的，由林业主管部门上报当地政府批准决定，延长封育期限，采取必要措施，促进成林。

建立奖惩制度。各级政府和林业主管部门对封山育林成绩显著的单位和个人，应给予表扬、奖励；对违反本《封山育林管理暂行办法》的单位和个人由有关部门追究责任，情节严重的由司法部门依法处理。

(四)天然林保护工程关于封山育林的规定

天然林保护工程区要把封山育林作为天然林资源管护的重要措施之一，签订管护合同，明确森林管护承包者森林资源管护任务和责任，推进森林管护与资源培育、林下资源开发健康协调发展。

要根据工程区森林分布的特点，结合自然和社会经济状况，针对不同区域和地段，采取行之有效的森林管护模式，确保森林管护和封山育林的效果。一是管护站管护模式。因地制宜建设森林资源管护站，成立专业管护队伍，层层签订责任合同，全面落实目标责任。实行"管护效果信息卡"等制度，全过程监督森林管护工作。二是专业与承包管护模式。对交通不便、人员稀少的远山区，实行封山管护，建立精干的森林专业管护队伍。对交通较为方便，人口稠密，林农交错的近山区，采取划分森林管护责任区，实行承包管护。三是家庭生态林场管护模式。以森林承包管护为前提，结合林下资源综合开发利用，以企业职工为主要承包者，以家庭成员为主要劳动力，在开展森林资源管护的同时，开展林下资源合理利用。四是管护责任制模式。将管护任务落实到山头地块和人头户头，层层签订管护责任书，明确管护范围与面积、管护内容与责任、奖惩措施等。五是其他管护模式。包括场乡、场村、场农(户)联管等。

第四节　封山育林成效评价

一、封育作业质量评价

(一)评价时间

在封育作业活动完成的当年或次年开展作业质量评价。

(二)封育活动评价

(1)评价指标。包括：①是否按封育作业设计组织施工；②管护机构和人员落实情况；③封育设施建设情况；④封育制度和封育措施制定情况。

(2)评价标准。①按封育作业设计组织施工；②管护机构和人员得到落实；③封育设施建设符合作业设计；④封育制度和封育措施得到了落实。同时满足前述4个条件的封育活动，为质量合格。

(三)封育档案建设评价

(1)评价指标。封山(沙)育林技术档案建立情况。

(2)评价标准。建立了封山(沙)育林技术档案，与封育有关的资料全部归档。

(四)作业质量评价方法

作业质量评价采用现地核查、查阅资料、召开座谈会和专家咨询会等方法。

二、封育成效评价

封育成效评价时间为封育年限到期的次年。评价指标、评价标准、评价方法分别按照乔木型、乔灌型、灌木型、灌草型、竹林型5种封育类型确定,具体按照《封山(沙)育林技术规程》(GB/T 15163—2004)的要求进行评价。

封育成效评价结束后应形成评价报告,报告的内容包括作业质量评价、成效评价调查时间、调查地点、组织工作情况、调查方法、样地数量、调查结果、结果分析与评价、存在问题与建议等。

第六章

特殊地区造林

第一节　旱区造林

我国旱区面积大，其中以西藏、黑龙江、新疆、青海、甘肃、宁夏、内蒙古、陕西、吉林、云南、四川等省（自治区）分布最多。旱区林草植被总量不足，生态环境脆弱，是我国当前急需加快造林绿化、尽快恢复林草植被的重点区域。

一、旱区的自然特点

旱区多呈现明显的大陆性气候，区域内差异明显。降水量从东南向西北递减，东部局部区域可达 500~600mm；西部塔里木盆地、阿拉善高原是全国的干旱中心，局地降水量不足 10mm，且降水量年内分配不均，年际变化大，长时间干旱与暴雨交替发生。蒸发量大，光热资源丰富，全年日照时数 2500~3000h，无霜期 90~300d，≥10℃积温 1700~5000℃。气温年变化和日变化均很大，夏秋季午间地面温度可达 50~60℃。高原、内陆盆地及山地构成了旱区的基本地貌格局，东北西部的松辽平原和华北平原也是旱区的组成部分。整个旱区地面相对平坦，部分地域则上升幅度很大，形成了环绕盆地或横亘高原的中、高山。在干旱气候条件下，风化、物质移动、流水侵蚀和风力吹蚀及堆积，使得地面组成物质贫瘠，沙漠、沙地、砾石戈壁、黄土和山地广泛分布。

二、旱区造林应遵循的基本原则

(1) 坚持尊重自然、顺应自然、保护自然，尊重自然规律，遵循森林培育和生态学基本原理，科学、规范、有序地推进旱区造林绿化，严格禁止违背自然科学规律和经济发展规律的落后造林方式，倡导运用先进、科学的植被恢复方式开展旱区造林绿化。

(2) 坚持保护优先，自然恢复为主、人工辅助造林的原则。宜禁则禁、宜封则封、宜飞则飞、宜造则造、宜荒则荒，自然恢复与人工造林相结合，人工促进自然恢复。

(3) 坚持因地制宜、适地适树的原则。大力提倡使用乡土树种、抗旱耐盐碱树种造林，宜乔则乔、宜灌则灌、宜草则草，乔灌草结合，大力营造混交林、灌木林，严格控制耗水量大的乔木造林。

(4) 坚持量水而行、以水定林，实施集雨抗旱和节水造林。根据水分条件合理确定造林力度和规模，合理利用地表水资源，保护地下水资源，积极发展雨养林业、节水林业。

(5) 坚持运用科学先进的植被恢复方式。大力推广和应用抗旱造林新技术、新材料，科学合理确定造林绿化方式、林种结构、林分结构和树种结构提倡直播造林、低密度造林，以营造防护林为主，兼顾用材林、经济林和薪炭林，确保植被的稳定性和林木生长的可持续性。

(6) 坚持严格保护造林地自然生境。造林活动要严格保护原有植被不被破坏，在整地、造林过程中充分保护好自然生境和现有植被，严禁采用引起水土流失、土地沙化的一切整地方法和生产行为。

(7) 坚持造林与管护并重原则，摒弃只造林不管护或重造林轻管护的行为。

(8) 坚持规范管理，严格按照科学规划设计、规范施工、精心管护的程序组织实施造林绿化。

三、旱区造林关键技术

1. 集雨整地造林技术

水分因子是旱区造林的主导因子。可产生径流的山坡地、丘陵、平地，造林前采取人工或机械集雨整地，使降水汇集产生的径流补给到林木生长的土壤中，满足林木成活和生长对水分的需求。为提高旱区造林成效，主要采取以下整地方式。

(1) 穴状集雨整地。破土面圆形或方形，栽植坑周围围成一个汇水区。适用于地形破碎、土层较薄的平地整地。规格和方法：采用穴状整地，大穴的口径 0.5~1m，深度 0.4~0.6m；小穴的口径 0.3~0.5m，深 0.3~0.5m。挖坑后，以坑为中心，将坑周围修成 120°~160° 的边坡，形成一个面积 4~6m² 的漏斗状方形坡面(或圆形)集水区，并将坡面做硬化处理(拍实)或铺膜。

(2) 鱼鳞坑集雨整地。随自然坡形，沿等高线，按一定的株距挖近似半月形的坑，坑底低于原坡面 30cm，保持水平或向内倾斜凹入。适用于地形破碎、土层较薄的坡地整地，呈"品"字形排列。规格和方法：坑长径 0.8~1.5m，短径 0.6~1.0m；坑下沿深度不小于 0.4m，外缘半环形土埂高不小于 0.5m。沿等高线自上而下开挖，先将表土堆放在两侧，底土做埂，表土回填坑内，在下坡面加筑成坡度为 30°~40° 的反坡。

(3) 反坡水平阶集雨整地。根据地形，自上而下，里切外垫，沿等高线开挖宽 1~1.5m 的田面，田面坡向与山坡坡向相反，田面向内倾斜形成 8°~10° 的反坡梯田。适用于坡面完整、坡度在 10°~20° 的坡面整地。

(4) 反坡水平沟集雨整地。反坡水平沟整地技术用于坡面较整齐，坡度小于 30°，土层深厚的坡地，采取人工或机械沿等高线连续开挖出长度不限的沟槽。规格和方法：带间宽度视降水和坡度大小而定，一般 5~7m，根据地形沿等高线人工或机械开挖沟槽，沟宽 0.6~0.8m，沟深 0.5~0.6m，长不限，每隔 5m 留 0.5m 挡埂，表土活土回填，用生土在沟外侧下坡筑成高 0.5m、埂宽 0.6m 的地埂。

2. 咸水滴灌造林技术

沙漠公路两侧、油气田和矿区周围，利用沙漠地区丰富的地下咸水资源进行滴灌造林。滴灌不仅水资源利用率高，而且可防止咸水聚盐对林木的危害。具体方法：按照滴灌造林技术步骤和要求实施，但需要定期清除盐结层以防盐害，即当地表形成盐结层时应实施人工清除。

3. 贮水灌溉造林技术

建立蓄水池，将秋闲水、洪水、雪水就地拦蓄、贮藏起来，通过人为重新分配，进行灌溉造林。具体方法：在集水面的汇水处挖建水窖，形状可为圆柱形、瓶形、烧杯形、坛形等，窖的内壁和底部设黏土或水泥防水层，收集贮藏雨水，造林时用作苗木灌溉。

4. 覆盖造林技术

造林后在苗木周围铺设地膜、覆盖秸秆、平铺石块、喷洒生化抗蒸发剂等，抑制土壤水分蒸发，保持土壤水分。具体方法：在造林后，以苗木为中心，在苗木周围用覆盖材料（石块、地膜、秸秆、生草等）覆盖 0.5m×0.5m 的穴面。若用地膜覆盖，要低于种植穴，形成漏斗形，上压一层土，使降水或灌水流入苗木根基。

5. 保水剂造林技术

苗木定植时，施用 10~50g 的保水剂洒埋于树苗根部，在一次浇水或降水后便可将水分吸附于土壤中，供林木长期吸收。也可用 50~100g 抗旱保水剂兑 50kg 水，充分搅拌溶解成糊状，栽植时每株苗木浇该溶液 0.5kg 后迅速盖土，其后可视干旱情况进行灌水。

6. 沙地造林辅助工程措施

流动、半固定沙地（丘）造林，首先采用机械沙障等工程措施固定沙丘，然后实施直播造林或植苗造林。主要用于沙漠、沙地中的道路两侧、绿洲外围的防风固沙林的营造。具体做法：造林前，在流动沙丘上，按照 1m×1m 或 2m×2m 的规格划好施工方格网线，将修剪均匀整齐的麦草、稻草、芦苇等材料横放在方格线上用板锹之类的工具置于铺草料中间，用力下插入沙层内约 15cm，使草的两端翘起，直立在沙面上，露出地面的高度 20~25cm，再用铁锹拥沙埋掩沙障的根基部，使之牢固，然后在草方格内栽植苗木。

7. 直播造林种子处理技术

在沙地上实施直播造林时，采用有机和无机微肥、保水剂等材料对种子进行大粒化处理，使其能在播种后吸水膨胀、快速发芽，提高造林成活率。具体做法：称取一定质量的选定种子，加入种子质量 3~6 倍的黏合剂溶液，搅拌均匀后，再加入黏合剂质量 2 倍的配方粉料，经筛摇加工成丸，自然晾干后装于袋中备播。基本工艺流程为：精选种子→小丸化→增大滚圆→抛光→干燥与计量包装。

8. 引洪落种灌溉造林技术

流经旱区盆地、绿洲的季节性河流两岸及其周围区域，将春夏季高山融雪和降水形成的洪水引导到绿洲外围，通过天然下种或人工落水播种，进行造林和促进植被恢复。

9. 涌泉根灌造林技术

涌泉根灌主要用于绿洲经济林及特殊防护林的节水灌溉造林，将灌溉水直接输送到苗木根系，所有毛管和微管全部埋入地面以下，使用寿命可达 20 年，费用只有一般滴灌的 30%。涌泉根灌是灌溉水由直径为 4mm 的微管流到内部灌水器的进水口，经过滤网进入流道，再由侧下部的出水口流出，由套管导入底部土壤中，内部灌水器处于悬空状态，不与土壤直接接触，避免了堵塞。

10. 塑料管防护无灌溉造林技术

在年降水量 100~300mm 的地区，利用直径 15~20cm、长度 20~30cm 的可降解套管，造林时将其套住苗木并插入土壤 5cm，管件寿命 2~3 年为宜。适宜流动、半流动、固定沙丘以及戈壁上的造林，可降低地表层高温和减少土壤蒸发，防止风沙以及小动物啃食等危害，不需灌溉，适宜秋季、春季直播和植苗造林。

11. 湿沙层水造林技术

在秋末冬初第一场雪前，利用当年降水产生的湿沙层，在沙丘实施灌木免灌造林，加上冬季有一定量的降雪补给水，次年春季土壤墒情较好，可大大提高造林成活率。具体做法：在土壤冻结前，选择土壤水分条件较好的沙丘（阴坡、背风坡），挖坑至湿沙层，随即将苗木植入坑中踩实。适宜此方法的主要灌木树种有梭梭、柽柳、锦鸡儿等，造林苗木不宜过大。

12. 沙地集雨造林技术

在降水量大于100mm的沙地丘间低地，按4~5m行间距开沟，沟深0.3m，向沟两边翻土，再将沟两旁修成120°~160°的边坡，然后在沟内按4~5m间距打一条高约25m的横埂，两边坡与两横埂之间围成一个面积20~25m²的双坡面集水区，再在沟内栽植梭梭、怪柳等灌木，可使两边坡上所产生的径流水补给到林木根部。

13. 秋季截干无灌溉造林技术

造林时一般采用二年生易萌生树种苗木截去主干，根上部留杆20cm，秋季土壤封冻前进行栽植，栽植时地上留2cm，栽植后用表土将地上部分完全覆盖，形成一个小土堆，来年发芽时再剖开，无需灌溉。

14. 大袋带水带土造林技术

不能灌溉的山地、丘陵、坡地造林，使用聚乙烯塑料袋，袋内放入土壤、水及保水剂制成泥浆，然后将苗木放入袋内泥浆中挖坑栽植，造林后无需灌溉可保证苗木成活。具体做法：首先根据苗木大小选择适合的植苗袋；在袋内放入水和土及保水剂，和成泥浆；将苗木放入盛有泥浆的袋内；将苗木袋放入栽植坑内压土；最后将造林地的熟土填回栽植坑内，踩实。

15. 低压水冲扦插造林技术

沙漠或沙地中的流动、半固定沙丘上，以地下水或河水为水源，以柴油机为动力，带动水泵将水通过胶皮水管送到用空心钢管做成的冲击水枪，直接射入沙丘中形成栽植孔，然后将插条插入栽植孔，再用水枪将插条周围的沙土冲入空隙，填满压实，一次完成栽植和灌溉。

16. 深栽造林技术

在旱区河流两岸的阶地和滩地、干渠两侧、绿洲内外、平原和沙丘间的低地上，地下水位1~3m深、土壤为砂质土或沙壤土，用钻孔机或手工在定植点上结孔，深至地下水位，将无根的插杆或带根苗植入，然后填土捣实。

适用于深栽插杆造林的树种有杨树、旱柳、白柳等，适用于带根深栽的树种有沙枣、沙棘、胡杨等。

17. 低压管道输水灌溉造林技术

低压管道输水灌溉也叫管道输水灌溉,它是以管道代替明渠输水灌溉系统的一种。灌水时利用较低的压力,通过压力管道系统,把水输送到造林地进行灌溉造林。具体做法:在造林地较高的地方修建蓄水池,将灌溉水引入蓄水池(或抽水),再利用由输水管道、给配水装置(出水口、给水栓)、安全保护设施(安全阀、排气阀)及田间灌水设施组成的输水系统,将水输送到植树坑。

18. 容器供水造林技术

造林时,用一个废旧的塑料矿泉水瓶,装满水后封好瓶口,在水瓶拦腰处扎一小孔(孔径 0.3mm 左右),苗木定植时将水瓶放入栽植穴内的苗根旁,孔眼朝上,选择一根健壮的根系插入水瓶孔口内,根系插入瓶内尽可能深一些,然后按照造林要求埋土踩实,做埂灌水。

19. "三水"造林技术

"三水"造林技术是指集收雨水、覆膜保水和根部注水于一体的抗旱造林技术的简称。具体做法:在造林时,首先采用鱼鳞坑、水平沟等方式实施集雨整地,造林后再在树坑上覆盖地膜,其后在苗木生长过程中遇干旱时在树苗根部注水补墒,即通过收集雨水、减少蒸发、灌溉补水提高造林成活率。

第二节 盐碱地造林

一、盐碱地基本情况

全球盐碱地面积达 $9.54 \times 10^8 hm^2$,从寒带、温带到热带的各个地区都有分布,遍及美洲、欧洲、亚洲、大洋洲、非洲等各个大陆地区。澳大利亚、俄罗斯、中国、印度尼西亚、巴基斯坦、印度、伊朗、沙特阿拉伯、蒙古、马来西亚盐碱地面积列世界前 10 位。

我国地域广大,气候多样,盐碱地的分布几乎遍布全国,各类盐碱地面积总计 $9913.3 \times 10^4 hm^2$。根据分布地区、成因及生物气候等环境因素差异，我国盐碱地一般分为5个分布区。

（1）西北内陆盐碱区。包括新疆大部分地区、青海的柴达木盆地、甘肃的河西走廊和内蒙古西部。

（2）黄河中游半干旱盐碱区。包括青海、甘肃东部，宁夏、内蒙古的河套地区以及陕西、山西的河谷平原。

（3）黄淮海平原干旱半干旱洼地盐碱区。包括黄河下游、海河平原、黄淮平原，地跨京津冀鲁豫以及皖北、苏北平原。

（4）东北半湿润半干旱低洼盐碱区。包括松嫩平原、辽西盆地、三江平原和呼伦贝尔地区。

（5）沿海半湿润盐碱区。包括华东、华南及江北沿海地区。

二、盐碱地改良措施

盐碱地的土壤含盐量通常大于0.1%，pH值大于7。土壤含盐量等级0.1%~0.2%为轻度，0.2%~0.4%为中度，0.4%~0.6%为重度，0.6%以上为极重度。为降低盐碱地土壤含盐量，改善土壤理化性质，使其达到栽培植物成活的基本要求，需要在造林、种植作物之前，对盐碱地采取改良措施。盐碱地改良包括物理改良、化学改良、生物改良及综合改良措施。

（1）物理改良（也称为工程改良）。包括条田、台田、暗管排盐、隔盐层、隔盐墙、客土等改良方法。条田改良是指开挖修筑沟渠形成的田块，田面高度与原地面高度一致。台田改良是指修筑沟渠堆土等抬高地面而形成的田块。暗管排盐改良是指在一定土壤深度埋置具有滤水微孔的管道，排出土壤盐分的改良方法。隔盐层改良是指设在土壤种植层以下，切断土壤毛细管的阻隔结构。隔盐墙改良是指设置在种植区土体周边，切断盐分水平运动的阻隔结构。客土改良是指利用外来非盐碱土更换或覆盖原位盐碱土改良土壤的方法。工程改良主要是通过工程措施降低地下水位，排除土壤中的盐分，起到压盐、降盐与脱盐效果。

（2）化学改良。是指在盐碱地施入酸性矿物及土壤盐分拮抗剂、螯合剂等化学制剂改良土壤的方法。常用的化学改良剂有聚丙烯酰胺、腐殖酸、黑矾、脱硫石膏、磷石膏、硫酸亚铁、厩肥、草炭、泥炭等，应根据盐碱地的土壤质地、土壤含盐量等情况，选择适宜的化学改良剂及其用量。化学改良的原理是通过化学改良剂的离子与 Na^+ 和 CO_3^{2-} 起化学反应，改变土壤胶体吸附性离子的组成，造成 Na^+ 脱除和 CO_3^{2-} 减少或消失，从而改善土壤的物理性质，改良土壤结构性和通透性，抑制土壤返盐和脱盐。

(3) 生物改良。是指种植耐盐绿肥植物，施入有机质、土壤微生物肥料或益生菌等生物制剂改良土壤的方法。常用的耐盐绿肥植物有紫花苜蓿、田菁、紫穗槐、沙打旺等。生物改良主要是通过种植聚盐性植物、泌盐性植物、抗盐性植物措施，减少土壤水分蒸发，控制地表积盐，增加根系数量，增强土壤微生物活性，改善土壤理化性质，有效恢复盐碱地生产力。

三、盐碱地造林技术

(1) 树种选择。盐碱地造林树种选择应遵循以下原则：一是乡土耐盐树种为主，其他树种为辅，优先选择乡土耐盐碱树种、引种驯化成功的耐盐碱树种和优良耐盐碱品种；二是树种耐盐碱能力大于造林地土壤含盐量；三是树种具有较强的抗旱、抗涝等抗逆能力。西北内陆盐碱区、黄河中游半干旱盐碱区、黄淮海平原干旱半干旱洼地盐碱区、东北半湿润半干旱低洼盐碱区，可参照《造林技术规程》(GB/T 15776—2016)附录 C，根据各区域主要造林树种的适宜生境或特性，选择适宜在各区域盐碱地造林的树种。沿海半湿润盐碱区可参照《长江以北海岸带盐碱地造林技术规程》(LY/T 2992—2018)附录 C 和《沿海防护林体系工程建设技术规程》(LY/T 1763—2019)附录 A，选择适宜在该区域造林的耐盐碱树种。

(2) 确定林种和造林密度。盐碱地造林的林种配置应以营造防护林为主，条件适宜的地方可适当发展耐盐碱的经济林和用材林。造林密度一般应把握以下原则：生长慢、耐阴的树种，造林密度宜适当增大；生长快、树冠大的树种造林密度宜适当减小；盐碱重、肥力低的造林地，造林密度应适当增大；盐碱轻、肥力状况较好的造林地，造林密度应适当减小。

（3）整地措施。盐碱地造林应根据土壤含盐量、地势情况等采取相应的整地措施。一般采取3种整地方式，对地势平坦的轻度盐碱地可采取全面整地；对地势较高、地下水位深、干旱半干旱盐碱地可采取沟状整地；对地势较高、排水良好的盐碱地可采取穴状整地。

（4）造林方法与管护。经过改良、整地等措施的盐碱地造林，其造林方法、苗木规格、松土除草、幼林抚育管护、病虫害防治等技术要求与常规造林措施基本类似，可参照《造林技术规程》(GB/T 15776—2016)等技术标准执行。

第三节　石质山区造林

一、华北石质山区造林

我国华北石质山区主要分布在黄土高原和以太行山脉、燕山山脉为主的地区，包括黄土高原东、西、南三面山地边沿高出一般黄土分布高度的石质山区，太行山脉、燕山山脉为主体的石质山区，以及太行山脉、燕山山脉与黄土高原之间的过渡地带形成的土石山区。土石山区和石质山区坡度陡峭，土层浅薄，裸岩占很大比例，原有的森林植被大部分已遭到破坏，恢复森林植被难度大。

（一）立地条件

土石山区和石质山区的气候特点是温暖期较长，春季增温及秋季降温都比较迅速，降水量在400~600mm，其中70%~80%集中于夏季，冬春季的降水特别少。由于强烈干风及增温迅速等因素影响，经常有春旱发生。尤其在低山阳坡，春旱最严重时，干土层厚度可达30cm以上，严重影响人工林的成活生长。夏季降水集中，相对湿度也大，生长条件较好。

土石山区和石质山区广大低山地带的原始植被是以橡栎类为主的半

干生落叶阔叶林及油松橡栎混交林(阴坡)。原始植被经破坏后，阳坡基本上为荆条、酸枣、菅草、白草等旱生植物组成的草坡，植被覆盖度较低。阴坡基本上为胡枝子、蚂蚱腿子、绣线菊、野古草、大油芒等中生植物组成的小灌木坡及草坡，一般覆盖度较大。土壤为褐色土，土层一般较薄，表土常有流失现象。中山地带以上植被以中生为主，保存较好，间或有油松、栎类、桦、山杨等树种组成的天然次生林，土壤为棕色森林土，土层较厚。高山地带则出现以落叶松、云杉为主的天然林，林下形成灰化棕壤。由此可见，海拔、坡向、土层厚度是影响土石山区和石质山区造林地立地条件的主导环境因子。在土壤因子内，除土层厚度外，腐殖质含量(或流失程度)及成土母质状况对立地条件的影响也是重要的。

(二)造林关键技术

1. 林种树种选择

华北石质山区造林目的主要是营造水土保持林，恢复荒山植被，拦截和吸收地表径流，固定土壤免受各种侵蚀，涵养水源、保土抗旱、减轻洪涝。在立地条件较好的地段，也可发展用材林和经济林。造林树种选择应满足以下要求：一是适应性强，能适应不同水土保持林的特殊环境，如护坡林的树种要耐干旱瘠薄，可选择柠条、山桃、山杏、杜梨、臭椿等树种；沟底防护林及护岸林的树种要能耐水湿、抗冲淘等，可选择柳树、柽柳、沙棘等树种。二是生长快，枝叶发达，树冠浓密，能形成良好的枯枝落叶层，以截拦雨滴直接冲打地面，保护地表，减少冲刷。三是根系发达，特别是须根发达，能笼络土壤，在表土疏松、侵蚀作用强烈的地方，选择根蘖性强的树种或蔓生植物，如刺槐、卫矛、旱冬瓜、葛藤等。四是落叶丰富且易分解，具有土壤改良性能的树种，如刺槐、沙棘、紫穗槐、胡枝子、胡颓子等乔木或灌木树种，能有效提高土壤的保水保肥能力。

在华北石质山区，油松是适应性很强，应用最广泛的造林树种，但在低山阳坡过于干旱的地方，油松后期生长不良，用侧柏、栓皮栎等更耐旱树种更为合适。在800m或1000m以上的中山地带油松生长不如落叶松迅速，在1500m或1800m以上油松已不适生，应以落叶松为主，立地条件好的地方还可以造一部分云杉林。在低山，土层厚度大的地方，可发展经济林，如核桃、板栗等。

2. 造林技术要点

本地区影响造林成活及幼林成长的主导因素是土壤水分不足，土壤瘠薄、肥力不足也是限制人工林生产率提高的重要因素。应针对这些限制因素，采取相应地的造林技术措施。

(1) 整地方法。本地区由于坡陡、土薄、石多，一般只采用局部整地的方法，如鱼鳞坑整地、水平阶整地、水平沟整地、反坡梯田整地等方法。这些整地方法的主要特点是都带有水土保持坡面工程的性质，能够拦截斜坡径流，可统称为水土保持整地法，可有效解决土壤水分不足问题。

鱼鳞坑整地法：适用于坡面破碎、地形复杂的地方。一般坑下沿半圆形捻的高、宽为23~33cm，坑面依据地形可大可小、可长可短。一般横长0.7~1.2m，竖长0.5~1.0m。坑间距离60cm左右，上下1.0~1.3m，可视具体地形适当加大或减少。鱼鳞坑要"品"字形排列。苗木应栽植于坑内边至外沿一线靠外边的1/3处。

大穴整地：适用于坡面破碎、地形复杂的地方。方法是做成一个宽1m、长1~2m的方形大穴或长沟，穴(沟)内土面低于穴(沟)外地面20cm左右，坑边不培土埂，使径流流入穴内、沟内，集水育林。

带状整地：包括水平阶、反坡梯田、水平沟等整地方法。水平阶、反坡梯田整地都适用于坡面比较完整的地带。水平阶是沿水平线里切外垫，做成外高内低，水平阶宽0.7m、反坡梯田1.3m的台阶，外边比内边高出10~20cm，阶间距离1.3~2.0m。反坡梯田与水平阶相似，但阶面较宽，一般1.5~2.6m，阶面向内倾斜的角度略大于水平阶。整地的阶面宽度，坡度越大应越窄，坡面越缓应越宽。同时，反坡梯田坡度越陡向内倾斜角应越大，在坡度45°以上时，可加大到12°。采用这两种方法时苗木均应栽植于坑内边至外边一线靠外边的1/3处。水平沟整地适合于特别干旱及较陡的斜坡地，一般沟底宽30cm，沟底至沟埂上部深40cm，沟内每隔3.3~6.6m留一稍低于沟埂的横挡，沟间距离以3m左右为宜，可有效拦蓄径流。苗木应栽于水平沟埂内缓坡的中部。

短水平条状整地：适合于大部分石质山地。一般是挖掘长、宽、深为3m×0.4m×0.3m的水平条沟，在坡陡、土薄的地段，可以适当缩短长度。条面要平，条下侧要做拦水外埂。水平条呈"品"字形排列。苗木应栽于水平条沟埂内缓坡的中部。整地季节以造林前一年的雨季、秋季整地效果最好。

（2）造林方法。石质山区一般应以植苗造林为主，有条件的地方应该多用容器苗造林，可以提高造林的成活率。播种造林多用于像栎类大粒种子，有无性繁殖能力的树种，也可适当采用插条、压条或分根造林。植苗造林一般采用穴植法，针叶树也可用靠壁栽植法。应提倡适当深栽和丛植。在该地区深山远山大面积造林，可推广山地育苗、留床成林与就地分栽相结合的造林方法，即在山地育苗，育成后在育苗地上保留一定数量苗木使之成林，把另一部分苗木起出在附近造林。石质山区造林应采用抗旱技术措施。

造林季节的选择应根据树种的特性来决定，春季、雨季、秋季均可。为了抗春旱，春季造林宜早。秋季造林时，阔叶树种一般要截干，以减少蒸发，针叶树种要采取埋土防寒措施。利用雨季造林，苗木当年根系就能愈合并长出新根，有利于度过来年春旱。

（3）幼林抚育。包括除草松土、培土壅根、正苗、踏实、除萌、除藤蔓植物，以及对分枝性强的树种进行平茬等，但重点是除草松土作业。除草松土作业的目的是透气、保墒、消除杂草对苗木的营养竞争，一般从春季造林的当年或秋、冬季造林的第二年开始，直到幼树郁闭为止。一般第一年进行2~3次，第二年2次，第三年1次。

二、西南石漠化地区造林

石漠化是"石质荒漠化"的简称，指在热带、亚热带湿润、半湿润气候条件和岩溶极其发育的背景下，受人为活动的干扰，使地表植被遭受破坏，导致土壤严重流失，熔岩大面积裸露或砾石堆积，土地生产能力衰退或丧失,地表呈现类似荒漠景观的岩石逐渐裸露的演变过程。第三次全国石漠化监测结果显示,截至 2016 年,我国石漠化土地面积为 $1007\times10^4 hm^2$,主要分布在西南岩溶地区,涉及湖北、湖南、广东、广西、贵州、云南、重庆、四川 8 个省(自治区、直辖市)的 460 多个县(市、区)。近 20 年来,我国相继实施天然林保护、退耕还林还草以及长江、珠江防护林等重点生态工程建设,石漠化治理取得了初步的阶段性成效,但是石漠化地区生态状况依然十分脆弱,形势依然严峻。

(一)石漠化成因和立地特点

石漠化的形成既有自然原因,更是人为因素所致。自然因素是石漠化形成的基础条件。岩溶地区碳酸盐岩丰富,易淋溶、成土慢,地质构造独特、山高坡陡、高温多雨、雨水丰沛而集中,为石漠化形成提供了侵蚀动力和溶蚀条件,是石漠化形成的物质基础。人为因素是石漠化土地形成的主要原因。由于过度樵采、过度开垦、过度放牧、乱砍滥伐、不合理的耕作方式等各种不合理的土地资源开发活动频繁,导致土地石漠化。根据石漠化程度,可分为轻度、中度、重度、极重度。

岩溶地区的地形地貌类型有峰丛洼地、峰丛谷地、峰林谷地、峰林平原、岩溶盆地、岩溶峡谷、岩溶槽谷、岩溶丘陵等,同时,石林、溶痕、溶沟、溶隙、溶孔、溶洞、石牙等微地形非常发育、差异大。由于地下岩溶发育,贮水能力低,岩层漏水性强,这些地区极易引起缺水干旱,水旱灾害频繁发生;同时,山地岩石裸露率高,土体分布不连续、土壤少,加上雨水冲刷容易导致大量土壤损失,造成严重水土流失,其结果是石漠化地区许多地方缺土,土壤是石漠化地区立地条件的重要制约因子,增加了造林绿化、植被恢复的难度。

石漠化地区基岩以碳酸盐类岩石为主。由于碳酸盐岩的溶蚀,导致整个地区的土壤、地下水等环境因子具有钙(镁)含量高、pH 值高、偏碱性等特点,植被也具有旱生性、喜钙性等特点。从植被类型看,石漠化地区的植被以灌木型为主,也有一些乔木型、草丛型、旱地作物型植被。乔木型、灌木型和其他森林植被主要分布在轻度、中度石漠化地段,草丛型、旱地作物型植被主要分布在中度石漠化地段,重度石漠化为主的未利用地上一般植被稀少。石漠化地区的大部分植被群落处于正向演替的初始阶段，稳定性差，稍有外来破坏因素影响就可能出现逆转。

（二）石漠化地区造林绿化

第三次全国石漠化监测结果显示，我国石漠化土地面积比第二次监测期间净减少了 $193.2\times10^4 hm^2$，石漠化扩展趋势得到有效遏制，石漠化土地呈现面积持续减少、危害不断减轻、生态状况稳步好转的态势；林草植被保护和人工造林种草对石漠化逆转的贡献率达 65% 以上，对于石漠化治理发挥了重要作用。

造林绿化是促进石漠化地区植被恢复的重要措施。针对石漠化地区气候高温多雨、岩石裸露率高、地形破碎、土体分布不连续、立地条件差、植被生长困难、造林施工难度大等特点，应坚持因地制宜，科学选择造林绿化方式，宜封则封、宜飞则飞、宜造则造，封飞造结合，优先采取封山育林措施，立地条件较好的地方可采取人工造林种草措施；坚持适地适树适草，合理配置植被结构，宜乔则乔、宜灌则灌、宜草则草，乔灌草搭配，优先恢复以灌木型为主的林草植被。

1. 封山育林

石漠化地区生态状况脆弱，应把封山育林作为石漠化地区恢复林草植被的基础和前提。可根据天然植被状况、立地条件、人力可及度等情况，采取封禁类型、封育类型、封造类型等封山育林措施，促进林草植被恢复。

（1）封禁类型。对于天然（次生）植被生长状况较好，地块偏远，人和牲畜活动难以到达的地块以及坡度较大，有一定的灌木而且人工造林（补植）比较困难的地块，可采取封禁管护措施，避免人为干扰，促使其自然恢复林草植被。

（2）封育类型。对于母树、幼树、幼苗的数量能达到天然更新目的且分布均匀的地块，或立地条件较差、人工造林比较困难、有一定灌木覆盖的地块，可采取封育措施，通过人工促进措施，培育保护母树、幼树、幼苗，促进母树下种结实和幼树、幼苗生长，促进林分提前郁闭。

(3)封造类型。对于立地条件好但植被稀少,缺乏母树和幼苗幼树的地块,可采取封造措施,在实施封山管护保护原生植被的前提下,通过人工造林、补植、补种,迅速提高林草植被盖度。

2. 人工造林

在地势比较平坦、土层相对较厚、土壤水分条件好的地段,可兼顾生态与经济效益,符合定向培育目标,采取人工造林种草的方法,加快恢复林草植被。

石漠化地区人工造林整地应采用穴状等局部整地方式,不进行林地清理,避免引起水土流失和增加造林成本。位于交通干线两侧、风景旅游区及周边等土壤瘠薄的石质山地,为开展造林绿化,改善生态景观,通常难以采用常规的人工整地方法,在岩体相对坚固的地段,可采用就地集土或客土进行立地改良后整地,覆土厚度根据造林绿化树种的主根系分布状况确定。

石漠化地区人工造林最重要、最关键的技术措施是造林树种的选择。树种选择正确与否直接决定着石漠化治理的成败。石漠化地区造林树种选择应遵循以下原则:一是具有忍耐土壤周期干旱和热量变幅悬殊,特别是在幼苗期间,既能在土壤潮湿环境下生长,也能抵抗土壤短期干旱影响,能在夏季炎热天气和较大昼夜温差条件下正常生长,不致受到灼伤或死亡。二是根系发达,具有耐瘠薄土壤的能力。主根在岩缝中穿透能力强,侧根、支根等向水平方向发展能力强,具有较强的保水固土作用,须根发达,能充分分解和吸收利用土壤中的养分。三是容易成活,生长迅速,能够短时期郁闭成林或显著增加地表盖度。四是具有较强的萌芽更新能力,便于天然更新,提高抗外界干扰能力。五是适宜于中性偏碱性和喜钙质土壤生长的树种。多年来,各地根据石漠化土地的生境状况及造林树种选择原则,选择出适宜石漠化地区生长的乔木树种近100种,灌木树种50余种,藤本植物20余种,草本植物30余种;总结提炼出单一物种配置、乔木与灌木配置、灌木与草本配置、灌木与藤本配置、乔灌草相结合多物种配置等50多种林草植被恢复模式。

广东西部、北部岩溶丘陵石漠化地区适宜的主要造林树种有:广东松、木荷、赤桉、杜鹃、八角、台湾相思、任豆、菜豆树、光皮树、阴香、柏木、翅荚香槐、枳椇、香椿、南酸枣、川桂、吊丝竹、绵竹等。

广西西部岩溶丘陵石漠化地区适宜的主要造林树(草)种有：顶果木、肥牛树、降香黄檀、狗骨木、银合欢、云南石梓、任豆、香椿、台湾相思、马占相思、赤桉、喜树、山葡萄、八角、金银花、木豆、猕猴桃、竹子(吊丝竹、慈竹)、砂仁等。

广西中部和东北部岩溶低山石漠化地区适宜的主要造林树(草)种有：任豆、香椿、苏木、喜树、山葡萄、木豆、柏木、杜仲、木豆、黄栀子、五倍子、核桃、李子、枇杷、柿树、白藤、苦丁茶、金银花、猕猴桃、山黄皮、象草、香根草、吊丝竹、慈竹等。

长江水系乌江流域贵州西部石漠化地区适宜的主要造林树(草)种有：滇柏、柏木、藏柏、福建柏、马尾松、泡桐、梓木、滇楸、麻栎、栓皮栎、女贞、臭椿、刺槐、苦楝、化香、喜树、云贵鹅耳枥、猴樟、椤木石楠、香叶树、复羽叶栾树、黔竹、桤木、杜仲、黄柏、花椒、核桃、乌桕、漆、桑、棕榈、油桐、盐肤木、梨、桃、五倍子、刺梨、紫穗槐、金银花、火棘、龙须草等。

长江水系贵州东部和东南部石漠化地区适宜的主要造林树(草)种有：滇柏、福建柏、柏木、马尾松、华山松、滇楸、栲树、光皮桦、麻栎、栓皮栎、女贞、臭椿、刺槐、苦楝、喜树、猴樟、椤木石楠、香叶树、黔竹、桤木、杜仲、黄柏、花椒、核桃、乌桕、漆树、桑、棕榈、盐肤木、刺梨、紫穗槐、金银花、火棘、龙须草、蓑衣草等。

长江水系贵州西北和东北部岩溶石漠化地区适宜的主要造林树(草)种有：滇柏、柏木、藏柏、华山松、青桐、滇楸、响叶杨、麻栎、白栎、栓皮栎、女贞、臭椿、刺槐、云贵鹅耳枥、猴樟、椤木石楠、香叶树、复羽叶栾树、黔竹、慈竹、杜仲、黄柏、花椒、核桃、乌桕、川桂、漆、桑、棕榈、盐肤木、刺梨、紫穗槐、金银花、火棘、龙须草、方竹等。

珠江水系南北盘江等贵州南部岩溶石漠化地区适宜的主要造林树(草)种有：马尾松、华山松、云南松、滇柏、柏木、藏柏、高山松、青桐、梓木、滇楸、光皮桦、麻栎、白栎、栓皮栎、女贞、臭椿、刺槐、苦楝、云贵鹅耳枥、猴樟、椤木石楠、香叶树、复羽叶栾树、黔竹、杜仲、黄柏、花椒、核桃、乌桕、漆树、桑、棕榈、油桐、盐肤木、梨、桃、车桑子、刺梨、紫穗槐、砂仁、金银花、火棘、龙须草、皇竹草等。

云南东部和东南部高原岩溶石漠化地区适宜的主要造林树（草）种有：墨西哥柏、滇柏、圆柏、藏柏、柳杉、冲天柏、滇合欢、昆明朴、漆树、云南樟、无患子、桉树、青桐、新银合欢、枫杨、滇楸、滇青冈、光皮桦、川滇桤木、任豆、麻栎、白栎、栓皮栎、女贞、臭椿、刺槐、苦楝、川楝、苦楝、云贵鹅耳枥、椤木石楠、圣诞树、羽叶楸、黑荆树、膏桐、高山栲、花红李、石榴、银杏、板栗、杜仲、黄柏、花椒、核桃、乌桕、油桐、滇榛、漆树、桑、棕榈、盐肤木、余甘子、柑橘、清香木、车桑子、刺梨、紫穗槐、金银花、火棘、白花刺、苦刺、马桑、三叶豆、棕榈、白千层、青刺尖、黄荆、地盘松、龙须草、云实果、黑麦草、雀麦、紫云英、拟金茅等。

云南西部和西北部高山峡谷石漠化地区适宜的主要造林树（草）种有：云南松、华山松、麻栎、栓皮栎、高山栎、高山栲、漆树、清香木、无患子、新银合欢、川楝、刺槐、黑荆树、香椿、旱冬瓜、云南樟、花楸树、桦树、马桑、花椒、青刺尖、油桐、云南黄杞、相思树、胡枝子、车桑子、马桑、余甘子、棕榈、香叶树、任豆、青刺尖、膏桐、白千层、石榴、花椒、银杏、油桐、云实果、拟金茅、黑麦草等。

湖南西部岩溶中低山石漠化地区适宜的主要造林树（草）种有：圆柏、中山柏、铅笔柏、侧柏、湿地松、火炬松、柳杉、麻栎、白栎、栓皮栎、女贞、臭椿、刺槐、楷木、杜仲、乌桕、漆树、桑、盐肤木、刺梨、紫穗槐、金银花、杜鹃、山葡萄等。

湖南南部和中部岩溶丘陵石漠化地区适宜的主要造林树（草）种有圆柏、火炬松、柳杉、麻栎、白栎、栓皮栎、女贞、臭椿、刺槐、苦楝、楷木、杜仲、乌桕、漆树、桑、盐肤木、梨、桃、刺梨、紫穗槐、雪花皮、金银花等。

湖北西部和东南部岩溶中低山石漠化地区适宜的主要造林树(草)种有：柏木、侧柏、圆柏、油松、日本落叶松、黄山松、马褂木、泡桐、响叶杨、麻栎、白栎、栓皮栎、女贞、青冈、枫香、杜仲、香椿、乌桕、漆树、桑、油桐、盐肤木、刺梨、火棘、紫穗槐、金银花、马桑、杜鹃花等。

四川东南部岩溶山地石漠化地区适宜的主要造林树(草)种有：马尾松、柳杉、刺槐、桤木、岩桂、圆柏、红椿、香椿、火炬松、响叶杨、麻栎、白栎、栓皮栎、杜仲、乌桕、漆树、盐肤木、梨、刺梨、紫穗槐、金银花等。

重庆东部和湖北北部山地丘陵石漠化地区适宜的主要造林树(草)种有：柏木、泡桐、响叶杨、麻栎、白栎、栓皮栎、红椿、女贞、刺槐、桤木、杜仲、乌桕、漆树、桑、油桐、刺梨、紫穗槐、金银花等。

第四节 矿山废弃地植被恢复

矿产资源是国家重要的战略资源，为促进经济社会发展提供了十分重要的物质基础。但是，对矿产资源长期大量的开发利用造成大面积植被破坏、山体创伤、景观退化、土壤沙化、大气扬尘，形成采空区，切断和污染地下水系，产生大量废石、弃渣等固体废弃物等，形成矿山废弃地，占用大量土地，对生态环境造成极大破坏。如何对矿山废弃地进行生态修复，恢复和重建矿山废弃地林草植被，对于改善生态环境和促进经济社会可持续发展具有重要的意义。

一、矿山废弃地类型

矿山废弃地是指被采矿活动所破坏、非经治理无法使用的土地，包括挖损地、占压地和塌陷地。

(1)挖损地。指露天开采矿藏后形成的迹地。包括积水迹地、无积水迹地和采石场。

(2)占压地。指露天开采外排的土石堆和选矿残渣堆积地。包括排土场(排渣场)、尾矿池(库、坝、堆)、矸矿场(矸石山)。

(3)塌陷地。指地下采矿引起的块状、带状的塌陷地面,其地表多破碎、起伏不平。包括积水和无积水塌陷地。

二、矿山废弃地土地整理

由于矿山废弃地天然植被遭到毁坏、原有地貌景观退化、地质灾害加剧、污染物大量扩散等原因,难以直接恢复和重建林草植被,需要对矿山废弃地先行开展土地整理。矿山废弃地土地整理是采用工程、生物等措施,对矿山废弃地进行综合整治,增加有效土地面积,提高土地质量和利用效率,改善生产、生活条件和生态环境的活动。矿山废弃地土地整理主要有地表处理、污染治理、基质改良、综合措施、边坡治理等。

(一)地表处理

1. 矸石灭火

主要针对煤矿开采废弃地。一般采用表面封闭法(湿土覆盖)、喷(灌、深部注)浆法、推平压实法、控制燃烧法(高压喷水灭火或挖掘熄灭)、石灰乳中和法等方法,进行矸石灭火直至稳定不再自燃。

2. 截排水

主要针对积水的矿山废弃地。一般采用地表截排水、开设泄水孔等措施。

(1)地表截排水。为减少地表水渗入废弃地边坡坡体内,应在边坡潜在塌滑区边界以外的稳定斜坡面上设置截水排水沟,边坡表面应设地表排水系统。排水沟断面形状宜为矩形和梯形。截水沟宜在坡面上部或外侧沿等高线方向修筑。截水沟两侧沿等高线垂直方向应布设排水沟。在坡脚或坡面局部低洼处应布设蓄水池,与截排水沟相连。排水沟宜用浆砌片石或块石砌成;地质条件较差,如坡体松软段,可用毛石混凝土或素混凝土修建。地下排水措施宜根据边坡水文地质和工程地质条件选择,可选用大口径管井、水平排水管或排水截槽等。当排水管在地下水位以上时,应采取措施防止渗漏。截排水沟、蓄水池的断面设计施工可参照《水土保持综合治理 技术规范 小型蓄排引水工程》（GB/T 16453.4—2008）等相关规定执行。

（2）泄水孔。矿山废弃地边坡治理工程应设泄水孔。对岩质边坡，其泄水孔宜优先设置于裂隙发育、渗水严重的部位。边坡坡脚、分级平台和支护结构前应设排水沟。当潜在破裂面渗水严重时，泄水孔宜深入至潜在滑裂面内。泄水孔设计施工参照《矿山废弃地植被恢复技术规程》（LY/T 2356—2014）相关规定执行。

3. 挖深垫浅

针对积水的矿山废弃地，可进行挖深取土建塘养鱼，并填充较浅坑区将其复垦为耕地，塘边坡地栽树种草。

4. 回填覆土

对于露天矿的开采坑，可采用回填的方式直接充填剥岩废料、生活垃圾以及尾矿、矸石、坑口电厂粉煤灰等采矿剩余物，将大块的岩石堆放于底层，较小的岩石废料置于上层，充填一层，压实一层；填完后再在表层客土，客土厚度一般应不低于80cm。对于矸石山、尾矿库等无表土覆盖的占压废弃地，可进行覆土，覆土厚度一般应不低于100cm。对于各种边坡，没有土壤或土壤不足80cm的，覆土一般应不低于80cm。

（二）污染治理

（1）隔离处理。矿山废弃地中的尾矿库或废渣场通常会导致环境或生态污染，可采用压实的黏土、高密聚乙烯膜或粗石砾等措施，将有害废物与基质完全隔离。

（2）植物修复。对重金属、有机物或放射性元素污染的矿山废弃地土壤及水体，可通过植物，吸收和积累重金属，转移、容纳或转化污染物，使其对环境无害。

（3）微生物分解。通过施用微生物菌肥，降解或者转化废弃地中各种有毒污染物。

（三）基质改良

1. 物理改良

物理改良包括耕作改良、覆土改良、污泥改良。

(1) 耕作改良。对于耕作层遭到破坏，母质裸露，质地紧实或坚硬，不利于生物生存的矿山废弃地，可通过深耕土壤、疏松基质、改善通透性、提高肥力，实现废弃地复垦。

(2) 覆土改良。经地表处理后的矿山废弃地，覆盖耕作客土或拌基肥(以有机肥为主，可配合使用磷、钾肥)改良土壤，覆土厚度80cm以上。

(3) 污泥改良。利用城市污水处理过程中产生的固体废弃物与矿渣等混合，除改善废弃地的理化性质、增强土壤肥力外，还有利于提高矿山废弃地微生物的活性，增大养分利用率。

2. 化学改良

对于干旱地区或石质山地等保水不良的矿山废弃地，可施用保水剂进行保水；对于肥力低的土壤，可施用有机肥做基肥改良；对于pH值过低的酸性土壤，可在土壤中添加碳酸氢盐或石灰；pH值过高的碱性土壤，可添加硫酸铁、硫磺或石膏。

3. 生物改良

在木本植物栽植之前，通过种植固氮草本植物，固定或修复重金属污染土壤、清除土壤基质中的有机污染物，净化水体和空气。

(四) 综合措施

针对矿山废弃地种类、特点、分布等，上述单一措施难以有效达到土地整理目标的，可综合运用工程、生物等技术，因地制宜，治理、利用、开发相结合，对矿山废弃地进行统筹治理。

(五) 边坡治理

边坡治理包括削坡工程和护坡工程。

1. 削坡工程

对于高度大于4m、坡度大于1∶1.5的矿山废弃地边坡，可采取削坡开级，修建台地或者梯田，为林草植被恢复创造条件。

2. 护坡工程

可根据边坡稳定性调查、勘查资料、稳定性评价结论及边坡安全等级要求确定护坡措施。护坡措施包括坡率法、人工加固护坡法。

(1) 坡率法。是指控制边坡高度和坡度，无需对边坡整体进行加固而自身稳定的一种人工边坡治理方法。坡率法适用于整体稳定的岩质和土质边坡，在地下水位不发育、且放坡开挖时不会对拟建或相邻建筑物产生不利影响的条件下使用。坡率法治理边坡的技术指标、施工要求参照《矿山废弃地植被恢复技术规程》(LY/T 2356—2014) 相关规定执行。

(2) 人工加固护坡法。包括抗滑桩、锚杆（索）、锚杆（索）挡墙支护、岩石锚喷支护、格构锚固、重力式挡墙、扶壁式挡墙、注浆加固等方法。常用边坡人工加固护坡方法的设计计算、构造设计、施工措施等相关技术要求按照《建筑边坡工程技术规范》(GB 50330—2002) 相关规定执行。

(六) 不同类型矿山废弃地土地整理措施

1. 塌陷地

塌陷地可采用削坡方法进行地表处理，使坡度降到 1∶1.5 以下，并辅以截排水；深度 5.0m 以上的无积水塌陷地底部可回填覆土。对于干旱、贫瘠、pH 值过高或过低的塌陷地，应进行化学改良。其他塌陷地，可根据其所处地域特点和社会经济条件，进行综合治理。

2. 挖损地

土质坡面可采用削坡方法进行地表处理，使坡度降到 1∶1.5 以下，辅以截排水。土壤不足 80cm 的，应覆客土。岩质坡面坡度小于 1∶1.5 的可采取开采面削坡方法进行地表处理；坡度大于 1∶1.5 的坡面，应采用护坡工程并辅以截排水措施进行地表处理。对于深度在 5m 以内的挖损坑地，可结合基质改良，采用回填覆土措施进行地表处理。对于土质边坡耕作层遭到破坏，母质裸露，质地紧实或坚硬的挖损坑地，可实施耕作措施进行基质改良。对于基岩裸露、石质含量高、质地粗缝、养分贫瘠、保水保肥性能差、缺乏灌溉条件的挖损地，应采取先种植牧草或绿肥植物的生物措施，进行基质改良。对于距城市较近，深度在 5m 以上的挖损坑地，应将其填至与周边土地齐平，并结合污泥改良，使土壤厚度达到 50cm 以上。对重金属、有机物或放射性元素污染的挖损坡面或坑底，应结合回填，进行隔离处理。

3. 占压地

对于有自燃现象的矸石山应采取灭火处理；对于坡度在 20°以上的排土场、矸石山、尾矿库应进行削坡处理，使坡度控制在 1∶1.5 以下；对位于交通干线两侧或居民区附近的占压地应采用护坡工程，并辅以截排水。对于干旱、瘠薄、土壤酸碱度过高或过低的占压地，可采用化学措施并配合覆土进行基质改良；对重金属、有机物或放射性元素污染的占压地，可采用生物措施改良。用于经济林果产业发展的占压地，应进行隔离处理。

三、矿山废弃地植被恢复

不同类型的矿山废弃地生态修复应针对其地理区位、自然条件、气候特点、受损类型、受损程度等情况，并根据修复后土地利用方向、景观格局、经营目标、立地条件及其适宜性、植被演替规律，按照山水林田湖草系统治理的理念，采用不同的修复和重建手段。无论采取何种手段，应将恢复和重建林草植被作为矿山废弃地等受损生态系统修复的前提。矿山废弃地林草植被恢复是在经过土地整理的矿山废弃地上进行人工栽(种)植、培育以木本植物为主体、乔灌草相结合的植物群落的过程。通过造林种草等植被恢复措施，促使受损的生态系统恢复到接近于矿山开采前的自然状态，或重建成符合人类某种有益用途的状态，构建健康稳定的林草生态系统，可为矿山废弃地土地资源利用和区域经济社会可持续发展奠定重要的生态保障基础。

恢复和重建矿山废弃地林草植被，应遵循以下原则：

(1)生态优先原则。以恢复生态学等理论为指导，采用一系列科学合理的工程措施和生物措施，以恢复和营造良好的生态环境和取得最佳生态效益为目的，并采用恰当的养护措施，保护目标植物和目标群落，逐步向自然群落过渡，最终形成一个可自我更新、健康稳定高效的生物群落。

(2)综合治理原则。针对不同矿山破坏类型及其程度，因地制宜地选用一种或多种植被恢复方式，工程措施与生物措施相结合，统筹兼顾矿山与周边社区生产和生活。

（3）注重景观原则。针对矿山废弃地景观破碎化特征，既要重视矿山废弃地生态功能的修复，也重视各景观要素和多样化景观类型的重建，还要考虑植被恢复本身的景观效果与周边环境的协调，全面提升区域整体景观效果。

（4）统筹兼顾原则。全面协调区域生态、经济、社会发展，以求达到良好的生态、经济社会效益，在确保矿山废弃地生态系统功能健康的前提下，大力营造生态经济林，发挥经济效益。

针对塌陷地、挖损地、占压地等不同类型的矿山废弃地，应采取有区别的植被恢复技术措施。

（一）塌陷地

（1）整地。对于水平地或台地，采用穴状整地，整地规格依树种、苗木规格而定；对于坡面，可沿等高线进行带状整地，并略向内倾以拦水保墒；对于地形破碎、土层较薄、不能采取带状整地的坡面，可采用穴状或鱼鳞坑整地。

（2）树种选择。对于水平地或台地，宜选择以生态效益为主、兼顾经济效益的树种；对于坡面，宜选择根系发达、生长快的乡土树种。

（3）栽植密度。应分别气候区、破坏程度及植被恢复目标等确定，参照《矿山废弃地植被恢复技术规程》（LY/T 2356—2014）相关规定执行。

（4）栽植技术。苗木规格和处理、栽植方法等，按照《造林技术规程》（GB/T 15776—2016）、《生态公益林建设技术规程》（GB/T 18337.3—2001）相关规定执行。

（5）植被配置模式。平地或台地以营造生态经济林或农田防护林为主；坡面以乔木为主、乔灌草结合的水土保持林为主，参照《矿山废弃地植被恢复技术规程》（LY/T 2356—2014）相关规定执行。

（二）挖损地

（1）整地。对于平地，可采用穴状整地，整地规格依树种而定；对于土质坡面，可采用水平带整地穴状或鱼鳞坑整地；对于岩质坡面，可采用穴状或鱼鳞坑整地。

（2）树种选择。对于平地，宜先种植牧草或者绿肥植物，改良土壤后，选择乡土树种并辅以草本种植；对于边坡，宜选择根系发达、耐干旱瘠薄、易成活、适应环境能力强树种、草种。

（3）栽植密度。应分别根据气候区、破坏程度及植被恢复目标等确定，可参照《矿山废弃地植被恢复技术规程》（LY/T 2356—2014）相关规定执行。

（4）栽植技术。对于平地，林草植物栽植技术可参照《矿山废弃地植被恢复技术规程》（LY/T 2356—2014）相关规定执行。对于边坡，可采取直接种植灌草、穴植灌木藤本、普通喷播、挂网客土喷播、植生带技术、草棒栽培技术、草包技术、边坡绿化技术、平台外缘绿化技术。

直接种植灌草是指在有一定厚度土层的土质坡面上，直接种植灌木和草本植物种子。

穴植灌木藤本是指结合工程措施，沿边坡等高线挖种植穴（槽），利用常绿灌木的生物学特点和藤本植物的上爬下挂的特点，按照设计的栽培方式在穴（槽）内栽植灌木、藤本。

普通喷播是指坡面平整后，将种子、肥料、基质、保水剂和水等按一定比例混合成泥浆状喷射到边坡上。

挂网客土喷播是指利用客土掺混黏结剂和固网技术，使客土物料紧贴岩质坡面，并通过有机物料的调配，使土壤固相、液相、气相趋于平衡，创造草类与灌木能够生存的生态环境，以恢复石质坡面的生态功能。该技术适用于花岗岩、砂岩、砂页岩、片麻岩、千枚岩、石灰岩等母岩类型所形成的不同坡度硬质石坡面。

植生带技术是指通过生产线将植物种子按一定比例，均匀地播撒在两层布质或纸质无纺布中间，然后通过行缝、针刺及胶粘等先进工艺，将尼龙防护网、植物纤维、绿化物料、无纺布密植在一起而形成一种特制产品。将其覆盖在边坡表面，只需适量喷水，就能长出茂密草坪。

草棒栽培技术是指将特制的草棒用螺纹钢和钢丝网按一定间距固定在坡面上，再用镀锌铁丝进行斜网格拉紧，然后将草棒按一定间距排列，覆土后可在上面种植。

草包技术是指通过生产线将植物种子按一定比例均匀地播撒在两层布质或纸质无纺布中间，然后通过行缝、针刺及胶粘等先进工艺，制成草包，装土。将其垒积坡面，就能形成草坪。

平台外缘绿化技术是指对于依据地形地质条件修筑的类似梯田结构的平台，在平台外缘砌挡土墙，台面种植乔灌草立体植被，对栽植的藤本植物进行人工牵引，促使植物向石壁定向生长，绿化石壁，形成立体效果；平台外缘（靠近挡土墙）种植悬垂植物与攀缘植物相连以绿化覆盖全部裸露岩壁。

边坡绿化技术是一种新兴的能有效防护裸露坡面的生态护坡方式，它与传统的工程护坡相结合，可有效实现坡面的生态植被恢复。具体方法可参照《矿山废弃地植被恢复技术规程》（LY/T 2356—2014）相关规定执行。

(5) 植被配置模式。挖损地平地以营造生态效益或景观效益为主兼顾经济效益的乔木林或乔灌混交林；边坡以营造灌木林为主、灌草结合的森林植被，具体可参照《矿山废弃地植被恢复技术规程》（LY/T 2356—2014）相关规定执行。

(三) 占压地

(1) 整地。平地采用穴状或水平沟整地方式，边坡采用水平阶或穴状整地方式。整地规格按照苗木规格确定。

(2) 树种选择。平地宜选用耐瘠薄、干旱、抗污染能力强的乡土树种。边坡宜选择生长迅速、根系发达、耐干旱瘠薄、抗污染能力强的豆科植物，具体可参照《矿山废弃地植被恢复技术规程》（LY/T 2356—2014）相关规定执行。

(3) 栽植密度。应分别气候区、破坏程度及植被恢复目标等确定，可参照《矿山废弃地植被恢复技术规程》（LY/T 2356—2014）相关规定执行。

(4) 栽植技术。平地上的栽植技术可按照《造林技术规程》（GB/T 15776—2016）、《生态公益林建设技术规程》（GB/T 18337.3—2001）的规定执行。边坡上的栽植技术可参照挖损地的相关规定执行。

(5)植被配置模式。平地配置以乔木为主的乔灌混交林或经济林,边坡配置以灌木为主的乔灌草混交林,具体可参照《矿山废弃地植被恢复技术规程》(LY/T 2356—2014)相关规定执行。

第五节　农林复合经营

农林复合经营(agroforestry),又称混农林业、农用林业、农林业、农林间作等。农林复合经营是将林业和农业或牧业或渔业等有机结合在一起进行复合经营的一种土地利用方式。农林复合经营因其类型多样、组分复杂、结构合理、生产功能多样、生态防护功能稳定和土地利用率高等特点,受到人们的广泛关注。近年来,不仅亚非发展中国家,而且欧美等一些发达国家对农林复合经营都十分重视。

一、农林复合经营的发展历程

农林复合经营在我国具有悠久的历史,最早可追溯到旧石器时代中后期。我国农业起源于森林,从来就是农林结合的。我国农林复合经营可划分为3个阶段:

(1)早在7000~8000年前,先民由狩猎和采摘向农业文明转化时期,就产生了原始的农林复合经营技术。"刀耕火种"和"游耕轮作"的经营方式被认为是农林复合经营的萌芽和原始方式。

(2)公元前20世纪前后,奴隶制经济的发展,使刀耕火种演变为定居种植。随着土地私有制的发展,逐步形成了自给自足的小农生产方式,并在历代"农桑政策"推动下,以农为主,农、林、牧、副、渔综合经营的传统农林复合经营得到了不断充实和发展。

(3)20世纪50年代以来,随着商品经济的发展,传统农林复合经营不断削弱,发展到以现代市场经济、系统生态学的理论和科学技术手段调整农林产业结构,组成农、林、牧、副、渔、工、贸综合经营系统的现代农林复合经营阶段。现代农林复合经营使自然资源(气候、土地、水、动植物等)和社会资源(技术、劳力、资本)得到充分利用,可以实现巨大而持续的经济、生态和社会效益。

发展农林复合经营,在生态、经济、社会效益上都具有重要的意义。一是可以协调农林争地的矛盾,促进粮食增产、经济发展和生态环境建设相统一。二是可以挖掘生物资源潜力,利用树木的生态功能,调节小气候,改良土壤,增强生态系统抵御自然灾害的能力和稳定性。三是促进物质多级循环利用,将"一维"的农业或林业生态系统转为"多维"的农林生态系统,最大限度地提高气候和土壤等环境资源的利用效率。四是体现了生态、经济、社会效益的统一,都可以多目标、多层次、多方位地利用林木、农作物、饲养业等主副产品,实现经济与生态环境的协调发展。五是可以充分发挥农林复合经营高投入、高产出的特点,创造更多的就业机会,吸纳和利用农村剩余劳动力,促进农村经济社会可持续发展。随着我国以生态建设为主的林业发展战略深入推进和农业产业结构进一步调整优化,农林复合经营将会有更加广阔的发展空间。

二、农林复合经营类型

根据农林复合经营的目标、成分和功能不同,通常可分为四大类若干经营类型。

(一)农林(果)复合型

(1)农林间作型。包括两种经营类型。一种是以林为主,在幼林期间,林木未郁闭前间作农作物,林木郁闭后采取疏伐或改种耐阴农作物。这种经营类型既可获取农作物等短期效益,又可促进林木生长。另一种是以农为主,农林共存经营类型。

(2)农果间作型。包括两种经营类型。一种是以果(树)为主,另一种是以农为主,农果共存经营类型。

(3)农田防护林型。分为生态经济型和生态防护型两种经营类型。

(二)林牧(渔)复合型

(1)林牧间作型。属于林木与牧草合二为一的复合经营系统,分为两种经营类型,一种是以林为主,另一种是以牧草为主。

(2) 护牧林型。属于林业与牧业合二为一的复合经营系统，林下为放牧场地，林木成为牲畜的"绿色保护伞"。

(3) 林渔复合型。属于林业与渔业合二为一的复合经营系统，一般在林下水沟或池塘内养鱼，尤其是林分郁闭后更加适合渔业生产。桑基鱼塘是典型的林渔复合型经营模式。

(三) 林农牧(渔)复合型

(1) 农林牧复合型。属于将农林间作与林牧复合型经营有机组合。畜禽以树木果实、叶子和林下牧草为食，粪便归还土壤，形成一个自养的物质循环系统，也被称为"三度林业"，即在同一土地上收获木材、木本粮油和畜产品。

(2) 林牧渔复合型。属于在林渔复合系统的基础上进一步利用地面和水面饲养猪、牛、羊、鸡、鸭等家畜和家禽，使林、渔、牧三者有机结合，形成高产出的复合经营系统，物质循环更加合理。

(3) 林农渔复合型。此经营类型通常在林地开沟(池)，沟内养鱼，林内间作农作物或经济作物，实行林、渔、农有机结合。

(四) 特种农林复合型

这类复合经营类型可分为林果间作型、林药间作型和林(果)菌间作型。林药间作型是在林下种植中药材，利用上层林木的遮蔽作用和森林环境，在林下种植需要一定遮阴才能更好生长的中药材植物，提高土地利用率和产出率。果园内种植食用菌是典型的林(果)菌间作经营类型，利用果树林下弱光照、高湿度和低风速等小气候条件栽植食用菌，既有利于食用菌生长，而且菌菇类的废基料可起到改良土壤结构、增加土壤养分等作用，从而促进林果生长。

三、典型区域农林复合经营模式

(一) 平原区农林复合经营

平原地区人们的生产经济活动主要依赖于农业生态系统的结构维持和功能发挥。但是，农业生态系统的结构简单，功能单一，对资源的利用不够充分，生态防护功能和对外界干扰的调节功能弱。因此，平原地区较多进行农田防护林型、农林间作型、农果间作型、林渔复合型、林农渔复合型等农林复合经营。华北平原地区多采用农田防护林型、农林间作型、农果间作型开展复合经营，其目的在于改善局部范围的小气候，减弱干热风等不利气象因子的危害程度，调节地下水位深度，防治土壤盐渍化，充分利用不同物种的物候差异组合，合理利用空间太阳光源，增加产品数量和生物多样性。例如，我国华北地区栽培历史悠久的泡桐与冬小麦复合经营模式、枣树与多种粮食作物的间作模式，都表现出良好的生态效益和经济效益。长江中下游、黄淮海等平原地区多采用林渔复合型、林农渔复合型等农林复合经营模式，充分利用丰富的水资源和有限的林地资源，通过林业与农业、渔业的优化组合，提高土地复种指数和经济产出率。例如，江苏里下河地区实行的垛田造林就是典型的林农渔复合经营模式，在滩地开沟和筑垛抬面，然后在垛面上造林，垛沟内养鱼，林下间作芋头、油菜、黄豆等经济作物。

(二) 低山丘陵地区农林复合经营

低山丘陵地区多采用林果间作、林药间作、林(果)菌间作等模式构建农林复合经营系统，可协调生态和经济效益，发挥双向生态缓冲调节功能，减少对天然植被过度利用，涵养水源，保育土壤，减轻洪涝等灾害；同时，可多方位为当地人民提供粮食、果品、中药材和优质饲料。例如，太行山低山丘陵区构建以苹果、梨、核桃等经济林树种为主要成分的农林复合经营系统，林果下面种植灌草植物、饲料作物、药用植物等，组成形成结构合理的农林复合群落。同时，采取自然恢复与人工促进修复措施，促进天然植被恢复，形成近自然的疏林灌丛草本植物群落，可为当地提供充足的饲料、用材和其他多种林产品，也可增强植被保持水土和涵养水源功能，减缓人们对低山丘陵地区天然植被的利用强度和水土流失程度。

(三) 农牧交错区农林复合经营

农林交错区属于农田和草原之间的生态过渡带，多处于我国暖温带和温带干旱半干旱地区，雨量少，风沙大，光照强，温度变化大，土壤侵蚀严重，生态脆弱。该地区一般采取林牧间作型、护牧林型、农林牧型等建立复合经营系统,其主要目的在于减轻灾害性天气影响,保护牲畜,并能提供牧草饲料和燃料。例如,新疆、内蒙古、宁夏、甘肃等地采取疏林草场、护牧林等模式进行林牧复合经营,一般在放牧草场或牧场防护林带种植白榆、蒙古柳、胡杨、山杏等乔木树种,防护林带下层种植沙枣、梭梭、怪柳、沙拐枣、沙棘、柠条、胡枝子、紫穗槐、锦鸡儿等灌木树种。这些乔灌木树种耐干旱、耐盐碱,抗风沙,固沙能力强,生长较快,而且不少树种萌芽能力强,耐反复砍伐,具有较强的生态防护功能和木材、燃料生产功能。

第六节 四旁植树

四旁植树是指在路旁、水旁、村旁、宅旁进行成行或零星植树,它是相对于成片造林而言的。四旁造林兼有生产、防护、美化等多种功能,在实施乡村振兴战略、推进农村人居环境整治、改善提升村容村貌、建设美丽宜居乡村,加快推进农村生态文明建设将发挥重要作用。

一、四旁植树应把握的基本原则

(一)因地制宜、突出特色

根据乡村地理位置、自然禀赋、生态环境状况、产业发展需求等不同情况,因地制宜,因势利导,瞄准乡村绿化、突出短板、开展四旁植树,一村一策,缺什么补什么。避免发展模式趋同化、建设标准"一刀切"。

(二)保护优先、留住乡愁

四旁植树要以保护乡村地形地貌、水系水体、林草植被等自然生态资源为前提,慎砍树、禁挖山、不填湖、少拆房。注重乡土味道,保护乡情美景,维护自然生态的原真性和完整性,综合提升乡村山水林田湖草自然风貌,突出乡村特色和田园风光。

(三)量力而行、循序渐进

开展四旁植树要充分考虑乡村发展基础,尊重村民意愿,按照乡村建设规律,先易后难、先点后面,分步有序推进;要量力而行、尽力而为，科学合理确定目标、重点、任务和标准。

(四)政府引导、多方参与

坚持在各级政府领导下，以村为单位组织实施，动员村民自己动手自觉投身四旁植树行动。要发挥市场配置资源的决定性作用和政府调控的引导作用，鼓励和引导社会资本积极参与四旁植树，推进乡村绿化美化。

二、四旁植树技术要求

(一)树种选择

四旁植树应根据栽植目的、四旁空间状况、当地乡风民俗等选择树种。

(1)宜选择具有抗性强、适应性好、寿命长等特性的乡土树种，优先选用濒危、珍贵树种。

(2)景观或绿化树种宜选择树型优美、观赏价值高的树种。

(3)用材树种宜选择生长快、干形通直、冠幅较大、枝叶繁茂的树种。

(4)经济林树种宜选择产量高、质量好、效益高的树种。

(5)立地条件优越的四旁栽植地段，应发展珍贵树种，提高植树质量。

(二)树种配置

(1)单一型。单一型配置方式有单一乔木树种型、单一灌木树种型或单一观赏树种型、单一用材树种型、单一经济林树种型等。

(2)组合型。组合型即两种或两种以上单一型在同一栽植地段上的配置，如乔木树种和灌木树种组合型、观赏树种和用材树种组合型、观赏树种和经济林树种组合型等。

(3)立体型。利用乔木、灌木和草本的生活型不同，形成栽植地上部乔木、下部灌木和地被草本植物的立体配置。

(三)种植点配置

(1)宜见缝插针、自然或不规则配置。

(2)种植点之间的距离应充分考虑树木成熟后的树冠舒展空间。
(四)苗木
四旁植树宜采用多年生规格适度的苗木。
(五)整地
(1)宜采用大规格的穴状整地方式，穴的规格略大于苗木根系的伸展范围，或带土树兜的规格。土壤条件差的栽植地，可采用客土。
(2)可提前整地或栽植时整地。
(六)栽植
(1)栽植方法宜采用穴植。
(2)栽植时应使苗木根系充分伸展，苗干垂直于地表。
(3)回填时宜先回填表土，再回心土和底土，分层将土壤压实。栽植的深度以覆土略高于苗木原土痕为宜。
(4)栽植后应浇足头水，以后根据苗木缺水情况及时浇水。
(5)对于大规格、宜风倒的苗木，可采用木竿等材料固定苗木。
(6)四旁植树以春季为宜，干旱地区可在夏季或秋季造林。
(七)四旁植树质量评价
1. 评价指标
评价指标包括：四旁植树成活率，成活株数与实际造林株数的百分比。
2. 评价标准
四旁植树成活率达到90%(含)以上。
3. 结果评定
四旁植树结果评定如下：
(1)有效株数。评定单位年度四旁植树成活率活株数即为四旁植树有效林数。
(2)需补植株数。评定单位立年度四旁植树成活率在90%(不含)以下时，将四旁植树总株教与实际成活株数的差值，作为四旁植树需补植林数。
(3)四旁植树成效评价。株数保存率：四旁植树3~5年后，保存株数与当年度植树株数的百分比。

第七节 城市森林营建

城市森林作为城市有生命的生态基础设施，已经成为我国改善城市人居环境、促进城市可持续发展的重要手段。城市森林不同于一般意义上的森林，而是通过自然保护与人工营造相结合的复合手段，培育适应城市特殊环境，满足人类生态、文化、景观、经济等多种需求的森林景观，因此城市森林的营建要以科学规划为指导，结合国土空间规划确定总量目标，按照森林生态系统要求进行空间布局，遵循近自然林占主体的结构比重，围绕特定类型城市森林的主体功能进行设计建设和养护管理，用科学的理论体系和技术标准引领城市森林健康发展。

一、城市森林发展历程

城市森林的概念提出和建设实践起源于欧美发达国家，有近60年的历史。20世纪60年代以来，经过城镇化快速发展，欧美发达国家日益重视森林在改善城市人居环境、缓解环境污染、满足休闲游憩需求等方面的重要作用，并以各种方式推进城镇化地区森林的保护和恢复。美国1972年颁布了《城市森林法》，1976年在全国推进"树木城市"建设，1993年制订了全国城市和社区林业战略规划。英国1987年实施了"森林伦敦计划"。德国将城市周边180km（2h）范围内的城市森林按儿童、青年、老人不同人群的游憩习惯，规划建设"环状活动"的森林。2019年法国巴黎推出了城市森林建设计划，希望通过增加城市森林树木为主的绿色植被应对城市气候变化。联合国粮食及农业组织（FAO）和国际林业研究组织联盟（IUFRO）都设有专门的城市林业机构，在定期举办的世界林业大会（WFC）和国际林联大会上设立专门议题，来推动国际间的城市森林科学研究与实践探索。

我国城市森林建设起步较晚，20世纪90年代才引进相关概念，并开展了理论研究和实践探索。2003年城市林业战略成为中国可持续发展林业战略研究中国家林业发展十二大战略之一。2004年，国家林业局启动了国家森林城市创建活动，通过举办论坛和媒体宣传，命名国家森林城市，来推广森林城市建设的理念和做法。各地相继开展了森林城市建设，呈现出了蓬勃发展的良好势头。

二、城市森林培育目标

城市森林培育目标表象上是建设城市地区以森林树木为主的绿色植被，实质上是要建设满足城市健康发展和居民对美好生态环境向往的城市森林生态系统。城市森林生态系统建设是要在人口密集、高度人工化的地区建设总量适宜、布局合理、功能完善的森林网络，维护城市森林生态系统的完整性、稳定性和功能性，确保城市生态系统的良性循环。在城市森林建设中，一是要尊重城市所在地区的自然生态条件和整体环境背景，延续自然山水格局和地带性森林景观；二是要注重整个城市地域范围内森林、湿地、绿地等生态空间的耦合，确保城市自然生态系统的整体性；三是满足城乡居民多种需求与保护恢复城市生物多样性，实现人与自然和谐共生。

在城市森林建设中，要综合运用生态系统生态学、景观生态学、城市生态学、森林生态学、风景园林学、森林培育学、保护生物学等多学科的原理和技术，坚持保护优先、自然恢复为主，通过造林树种乡土化、植物配置多样化、管护措施生态化，科学规划、设计、营造、养护和使用城市森林，充分发挥其优化城市格局、缓解热岛效应、净化环境污染、调蓄雨洪资源、保护生物多样性、应对气候变化、满足休闲游憩、传播生态文化等多种功能，促进城市生态系统的健康稳定，不断满足居民日益增长的多种生态需要。

三、城市森林主要做法

目前，国内外城市森林建设主要做法是：

(1) 把森林作为城市的绿色基础设施，进行统一规划建设，并通过政府、市民及非政府组织监督落实，控制城市无序扩张的重要手段。

(2) 针对城市地区森林、湿地、绿地等生态空间破碎的特点，构建城市森林网络，联通生态系统的各个要素。

(3) 注重保护城市生物多样性，对一些生态功能为主的城市森林管理采取落叶归根、保育土壤的近自然模式，培育近自然森林。

(4) 在整个城市地区的社区发展社区森林，来推进城乡无差别的森林景观建设。

(5) 注重开发城市森林的游憩和教育功能，建设体验式、参与式的自然科普和生态道德教育场所，使居民在游憩中潜移默化地得到科普知识。

(6) 注重以强化城市森林主体功能为目标的精准管理，保障森林树木的健康和功能。

(7) 以保护自然、师法自然为手段，大力提倡使用乡土树种和恢复地带性森林，保护和延续原生生态景观。

(8) 树种选择和配置注重对环境质量和人体健康的影响，避免产生严重飞絮、花粉过敏等植源性污染问题。

(9) 城市森林建设通过政府引导、公众参与来推动。

四、城市森林总量

国土空间规划按照生态空间、生产空间和生活空间来划定，其中在城市地区的生态空间中最主要是建设城市森林空间。建设以森林树木为主的城市森林可以使城市拥有高质量的生态空间。城市森林的总量就是要回答一个城市到底需要多少生态空间用于造林绿化。按照《国家森林城市评价指标》（GB/T 37342—2019）确定的国家森林城市建设标准，不同地区城市的森林空间是用林木覆盖率来衡量的，其中年降水量400mm以下的城市，林木覆盖率达25%以上；年降水量400~800mm的城市，林木覆盖率达30%以上；年降水量800mm以上的城市，林木覆盖率达35%以上。同时，本着山水林田湖草综合治理的理念，把湿地作为与森林同等重要的城市生态空间，对于湿地及水域面积占国土总面积10%以上的城市，林木覆盖率达25%以上。这样林水总量也可以达到

30%以上的生态空间比重。因此，各地城市在城市森林建设过程中对于林地绿地面积的控制可以参考国家标准来确定。

五、城市森林布局

城市森林的布局建设要坚持山水林田湖草是一个生命共同体，面向整个市域范围，整体推进、综合治理，建设林山相依、林水相依、林田相依、林路相依、林城相依、林村相依的生态空间。具体来说，就是以景观生态学、城市生态学、生态系统生态学等基本生态学原理为指导，在市域范围内，围绕建设城市森林生态系统的目标，科学进行城市森林类型的空间和结构布局，构建总量适宜、布局均衡的生态林、文化林和产业林等不同主体功能的城市森林绿地，并使各类森林绿地等绿色斑块，通过道路、水系、农田林网等各类生态廊道相互连接，形成片、带、网相结合的城市森林生态系统，维护城市自然生态系统的完整性、稳定性和功能性，确保生态系统的良性循环。

六、城市森林培育

（一）平原生态片林

在缺少稳定生态片林的城市平原地区，沿生态廊道和重要生态节点，建设集中连片的大型近自然片林斑块，形成平原区近自然森林，提供长期稳定的多样化生物生境，培育鸟语花香、生物多样的近自然森林景观，促进平原地区森林生态系统的健康稳定。近自然林是应用"模拟自然"的手法所营造的在种类组成和群落结构上与区域自然森林接近的人工森林。平原区近自然森林培育包括设计近自然、营造近自然和培育近自然等。

（1）对于平原生态片林的空间配置，要把握的关键环节是：①树穴布置宜采用自然式的随机定位。②使用实生苗、容器苗、全冠苗造林。③注重乔木高度和年龄搭配，以混交异龄群落为主。④选择使用鸟类、昆虫、小动物等食源、蜜源植物。⑤合理搭配速生与慢生树种、常绿与落叶树种。⑥长寿树种使用比例在70%以上，单一树种使用数量比例小于 20%。

(2)对于平原生态片林的养护管理,要把握的关键环节是:①种植后需进行生态化养护,即在种植后 2~3 年内,需要进行除草、施肥、灌溉等一般性养护。在此之后,逐渐降低养护和管理程度,让群落自然生长,形成近自然景观。②注重保留林下凋落物,促进土壤恢复。③适当保留灌木和草本,为鸟类、小动物等提供生境。④科学调控林分密度,培育结构合理、生物多样的健康森林景观。⑤合理规划防火林带和防火通道。

(二)城市森林公园

每个城市森林公园拥有 60% 以上的林木覆盖率,以高大长寿乔木为主,使城市森林公园成为四季变换的森林景观,绿树掩映的休闲场所,为市民提供大树成荫的休憩空间,为城市提供丰富多彩、充满野趣的森林美景,建设集生态防护、景观提升、康养运动与休闲游憩等多功能于一体的城市森林公园网。

(1)对于城市森林公园的空间配置,要把握的关键环节是:①应尽量保留原有地形地貌与自然植被。②合理搭配乔灌木和地被、常绿树和落叶树,展现森林景观四季分明的季相变化特色。③落叶与常绿树种比在 7∶3 左右。④自然林的比重应不低于总面积的 30%,为鸟类、昆虫、小动物等提供栖息地。⑤城市森林公园中大面积游憩林的群落配置应以乔草结构为主,形成通透开阔、便于人们活动的林下游憩空间。⑥大树树穴使用森林抚育采伐剩余物、园林废弃物等加工生产的有机地表覆盖物(mulch)覆盖。⑦注重林地绿地土壤的地表覆盖,尽量保留自然地被,或者覆盖,或者撒播各类时令花草,营造野趣盎然、绿草如茵、莺飞蝶舞的森林游憩空间。⑧避免在游人活动道路沿线和场地周边 50m 范围内大量使用有飞絮、花粉致敏问题的树种。

(2)对于城市森林公园的养护管理,要把握的关键环节是:①对于林分郁闭度超过 0.7 以上且胸径连年生长量持续下降的林分,应采取强度适宜的抚育间伐,使林下保持开阔的游憩空间。②对于近自然林,尽量减少人工干预,林地中的枯枝、枯立木和倒木,在不影响人们活动和安全的情况下，可保留作为鸟、小型哺乳动物的巢穴，或任其腐烂归还自然。③对于公园局部的精品园林区，应雇佣具有园林、园艺专业知识背景的绿化技术人员进行精心管护，不断提升园林景观的品位，同时维护园林植物的健康。④将公园路面的树木枯枝、落叶等枯落物，简单清扫至道路两侧林地、绿地中，将枯落物保留在林中分解归还林地，也可集中进行粉碎、腐化，再归还到林地中，以保留森林的自然景色。

（三）水岸森林植被

在市域范围内主干河流水系适宜保持生态驳岸和植被绿化的河段，建设两岸各宽 30m 以上的沿河水岸森林。在保留河流廊道的原始景观风貌的基础上，保护并修复河流廊道的生态功能，使水体岸线自然化率达 80% 以上，适宜绿化的水岸绿化率达 80% 以上，以保证为河流生物提供充足的有机碎屑、降低河流污染物，营造自然的生物生境，维持河流生态系统的稳定性。

（1）对于水岸森林植被的空间配置，要把握的关键环节是：①骨干河流保留大于 100m 宽、林木为主的河岸植被带，一般性河流保留恢复 30m 宽的自然河岸植被。②保留自然河岸及乡土河岸植被，建设能呼吸的生态景观河，为鱼类和两栖类动物提供生境。③注重选用柳树、枫杨、苦楝等具有地域特色的水岸树种，延续原生河流景观风貌。

（2）对于水岸森林植被的养护管理，要把握的关键环节是：①河流两侧的原生树木植被要注重就地保护，并定期检查其健康状况。②减少对近水岸植被的扰动，促进其形成多种生境，增加河流生物多样性。③新造的河岸森林植被，在种植 2~3 年进行一般性养护，如定期浇灌、施肥等，而后逐渐转换养护模式，以近自然养护为主，降低管理强度，并适当保留林下落叶等凋落物。

（四）城区林荫街道

通过植物合理配置、新材料应用和工程措施等，栽植树体高大、树冠开敞、抗逆性强的行道树或道路林，使城区街道树冠覆盖率达到 30% 以上，使道路两侧林荫带兼具生态、防护、休憩、景观等功能。

（1）对于城区林荫街道的空间配置，要把握的关键环节是：①坚持以乔木为主。在有限的街道绿化用地中，将乔木作为街道绿化的骨架，同时配植观花、观果、色叶类灌木，增加绿视率，丰富街道景观风貌，并发挥防尘、降噪、护坡等作用。②注重树木的观赏特征与沿街景观相融合。利用植物本身的形态特征和色彩季相变化，与沿街的建筑、立交桥、路灯、公共汽车站等形成和谐的街景。③利用骨干行道树打造具有地域景观特色的林荫街道，如北京地区的国槐大道、银杏大道、栾树大道、白蜡大道等，体现地方特色。

(2) 对于城区林荫街道的养护管理，要把握的关键环节是：①定期开展科学合理的浇水、除草、施肥、松土、通气、修剪、整形和病虫害防治，重点养护好行道树的根部，树池大小要适中。②及时清理枯枝，更换空心树、枯死木等，排除道路行人的安全隐患。③避免过度修剪，尽量保持树冠原有形状，不能为了避开电缆线、建筑物等而大幅度修建枝叶，应在架设电缆线等公共设施时避开行道树。④注重提高树木的枝下高，形成开敞的林下空间，便于交通视野。⑤注重适当疏冠，避免低矮浓密的树冠，促进空气流通和污染物扩散。⑥避免使用可造成飞絮、花粉致敏问题的树种。

(五) 城间森林廊道

在市域范围内，以城市道路为构架，建设两侧宽度均为 60m 以上的城市间道路森林带，使中心城区与外围城市之间保持至少一条的重点森林廊道。保证道路森林与周边自然、人文景观相协调，适宜绿化的道路绿化率达 80% 以上，发挥其防护、净化空气、分隔交通、减噪滞尘等生态功能，并连接不同城市生境，为城市生物提供一定的栖息地和迁移通道。

(1) 对于城间森林廊道的空间配置，要把握的关键环节是：①疏密有致的分层配置。靠路一侧采用花灌木和疏透结构林带，促进空气流通和污染物扩散。②后侧采用紧密结构配置，降低污染物和噪音对周边影响。③开合有度的空间配置。在周边景观优美地段，以花灌木或者草地开敞空间配置，开阔交通视野和展示优美景观。④道路沿线 50m 范围内避免大量使用有飞絮、花粉致敏问题的树种。

(2) 对于城间森林廊道的养护管理，要把握的关键环节是：①针对原有的城间道路森林，应注意定期检查树木的健康情况，适当进行补植。针对新建的道路林带，在建设初期对其进行灌溉、施肥、修枝等常规养护，而后逐渐减少养护强度，转化为近自然养护模式。②合理调控林分密度，根据不同路段防护需求培育密度适宜的景观林带。③注重对道路两侧枯枝落叶的利用，加强有机物地表覆盖度，减少道路两侧裸露的土壤面积。

（六）乡村聚落森林

实现村庄周围森林化、村内道路林荫化、村民庭院花果化、村内集中绿地人性化、河渠公路风景化、基本农田林网化。全面提高乡镇建成区和村庄居民点林木覆盖率，营造绿荫掩映、花果飘香、田园野趣的森林人居景观，恢复乡土树种为主的乡村森林景观，延续乡愁生态景观。

(1) 对于乡村聚落森林的空间配置，要把握的关键环节是：①选择有乡愁味道的乡村树木，如北京地区选择柿子、香椿、核桃、国槐、银杏等，回归乡村特有的森林树木景观。②道路、水岸等线性空间绿化无需追求统一规格、固定间距的规则绿化形式，可打造乔木种植疏密有致、高低错落，彩叶树种和花灌木点缀其间的田园自然景观，突显乡野情趣。③近自然的栽植，延续乡村林木景观风貌。④避免使用有飞絮、花粉致敏问题的树种。

(2) 对于乡村聚落森林的空间配置，要把握的关键环节是：①注重土壤保护，对地面硬化影响植物生长的区域，应适当削减硬化面积、翻松板结地面、打穴增加通气孔等方式提升树木生境质量。②村内公共绿化由专人负责养护管理，养护人员相对固定，定期组织技术业务培训，提高养护管理水平，定期修剪、浇水、施肥、平整土地，保持树木健康。③近自然管护，降低管理成本，利于景观维护。④保护乡村古树资源。

（七）风景游憩林

根据城市周边，特别是山地森林景观的功能定位，确定森林景观的培育目标。注重森林抚育、低效林改造以及矿山植被恢复，提高林分质量,增强生态涵养区功能,培育林分结构稳定、功能丰富、景观优美、生物多样的生态风景林和游憩林。

(1)对于风景游憩林的空间配置,要把握的关键环节是:①适地适树。根据林地情况选择合适的树种进行造林,培育复层异龄林。②以高大乔木为主,保留特色景观植物,合理调控林分密度,形成适合人游憩的林分结构。③合理搭配常绿与落叶树种,适度增加彩叶树种和珍贵树种种植比例,形成四季有景、季相景观变化明显的风景林。④适当增加和合理配置乡土乔木花卉树种、色叶木本植物等,提升森林的景观效果和季相变化。⑤及时清除在游人活动道路沿线和场地周边 50m 范围内大量使用有飞絮、花粉致敏问题的植物。

(2)对于风景游憩林的养护管理,要把握的关键环节是:①以补绿、增彩、提质为主,根据不同林分的主导功能设置科学的经营措施。②加强森林抚育,确定目标树、目标林,合理调整林分密度,优化树种结构。③提升自然保护区、风景名胜区、森林公园等建设水平,建立完备的自然保护地体系。④加强病虫害防护、火灾防控。

七、城市森林效益

(一)生态效益

生态效益主要表现在 5 个方面。

(1)固碳释氧。森林生态系统通过植物光合作用和呼吸作用与大气进行二氧化碳和氧气交换,固定大气中的二氧化碳,同时释放氧气,对维持大气中的二氧化碳和氧气的动态平衡,减缓温室效应,以及提供人类生存的最基本条件有着不可替代的作用。

(2)净化空气。森林具有污染物积蓄库的作用,大气污染物(如二氧化硫、氟化物、氮氧化物、粉尘、重金属等)在扩散和气流运动中遇到森林冠层会被树木枝叶吸收、过滤、阻隔,直至最终分解。同时,森林能够降低风速,减少大气中风沙物质含量,降低噪音,提供负氧离子、萜烯类物质,提高空气质量。

(3)涵养水源。森林通过对降水的截留、吸收和贮藏,将地表水转为地表径流或地下水,具有良好的涵养水源能力。据有关研究成果,每年 $1hm^2$ 林地比同等面积的无林地要多涵养 300~350t 水。

(4) 保持水土。树木的生长可以促使土壤形成一定的结构,增加土粒之间凝聚力,改善土壤的空隙状况,增加其透水性和蓄水性。森林植被覆盖率与水土流失面积之间存在着明显的反比例关系。

(5) 保护生物多样性。生物多样性是生态平衡的前提与保证,是人类赖以生存和经济社会可持续发展的物质基础。森林生态系统得到有效保护和发展,为野生动植物繁殖和生长创造了良好的栖息环境条件,使其种群动态数量得到迅速发展,有效保护生物物种基因资源。

(二) 经济效益

(1) 直接经济效益。以森林资源为依托,发展林下养殖、花卉苗木、经济林果、生态旅游、森林康养等产业,产生巨大的经济利益,促进当地经济发展和经营者增收致富。

(2) 间接经济效益。通过扩大城市森林面积,拓展城市生态空间,改善城市生态状况,增强了城市经济社会发展的生态承载力和环境吸引力,能够引进更多的人才、资金、技术、项目落地城市,促进城市各项事业的全面发展。

(三) 社会效益

社会效益主要表现在 3 个方面。

(1) 增进生态福利。发展休闲公园绿地,不断增加人均公园绿地面积、扩大公园绿地服务覆盖范围,推进各类公园、绿地免费向社会公众开放,建设遍及城乡绿道网络和生态服务设施,使老百姓更加便利地亲近自然、绿色出行,满足了人们日益增长的对美好生活环境的需求。推进森林进单位、进园区、进住区,改善了城乡的生产生活环境,提升了居民的幸福感和获得感。

(2) 提升生态文明意识。依托各类生态资源,建立生态科普教育基地,利用植树节、森林日、湿地日、荒漠化日、爱鸟周等生态节庆日,开展生态主题宣传教育活动,普及生态知识、传播生态文化,让尊重自然、顺应自然、保护自然的生态文明理念在全社会内化于心、外化于行，成为更多公众的自觉行动。

（3）丰富文化生活。广大文艺工作者和爱好者以森林、湿地等自然山水为对象，开展创作活动，推出一大批主题鲜明、体裁多样、思想深刻的精品力作，丰富了文化市场。以森林为主题，开展健步走、摄影比赛等形式多样的群众性文化活动，满足了社会多元化的文化需求，丰富了百姓的精神世界。

八、森林城市建设

森林城市建设是发展城市森林的重要手段。自2004年启动森林城市建设以来，全国有456个城市开展国家森林城市建设，有194个城市被授予国家森林城市称号，有22个省份开展了省级森林城市创建活动，有17个省份开展了森林城市群建设。

2016年9月，国家林业局出台了《关于着力开展森林城市建设的指导意见》，明确"坚持以人为本，森林惠民；坚持保护优先，师法自然；坚持城乡统筹，一体建设；坚持科学规划，持续推进；坚持政府主导，社会参与"等5项森林城市建设原则，提出"着力推进森林进城、着力推进森林环城、着力推进森林惠民、着力推进森林乡村建设、着力推进森林城市群建设、着力推进森林城市质量建设、着力推进森林城市文化建设、着力推进森林城市示范建设"8项主要任务。2018年3月，印发《全国森林城市发展规划（2018—2025年）》，以我国地理分区、全国主体功能区规划、区域发展总体战略为基础，以国家战略为重点，综合考虑森林资源条件、城市发展需要等因素，坚持山水林田湖草系统治理，确立了"四区、三带、六群"的我国森林城市发展格局。"四区"即森林城市优化发展区、森林城市协同发展区、森林城市培育发展区、森林城市示范发展区。"三带"为"丝绸之路经济带"森林城市防护带、"长江经济带"森林城市支撑带、"沿海经济带"森林城市承载带。"六群"即京津冀、长三角、珠三角、长株潭、中原、关中—天水6个国家级森林城市群。2019年3月，国家市场监督管理总局和中国国家标准化管理委员会在原有《国家森林城市评价指标》林业行业标准的基础上，发布了国家标准，并于 2019 年 10 月 1 日开始实施。

根据《国家森林城市评价指标》(GB 37342—2019)要求，建设国家森林城市，必须编制建设总体规划。编制规划应符合以下要求：

(1) 规划范围。城市行政区域范围。

(2) 规划期限。不低于 10 年。

(3) 规划原则。①坚持目标导向，总体规划各阶段目标应满足《国家森林城市评价指标》要求，符合相应建设标准和规范规程，并具有可操作性。②坚持问题导向，总体规划应聚焦森林城市建设存在的问题，着力补齐短板，提高建设水平。③坚持实事求是，应充分摸清城市社会经济发展水平，规划项目应围绕服务地方社会经济发展实际需求展开，不能盲目追求建设进度，导致增加地方财政负担。④坚持地方特色，总体规划应尊重城市自然山水格局，突出城市特点，体现当地森林景观特色，促进城市经济社会可持续发展。

(4) 规划深度。总体规划应解决森林城市发展的定位、项目安排、布局问题，提出森林城市建设的重点任务和实现途径，对规划项目的投资进行估算，并明确建设资金来源。近期项目规划应该满足国家森林城市"未达标"的建设指标能够达标，项目规划应该落实建设地点、规模、责任部门和实施期限。中远期项目规划应该明确项目的名称、项目建设的要求，为下一步的详细规划设计提供依据。

(5) 规划内容。应包含森林网络、森林健康、生态福利、生态文化 5 个方面建设任务，每项建设任务应包括建设内容、建设地点、建设规模、建设时限、建设措施等，具体建设任务要围绕森林城市建设特点、需求和特色来因地制宜设置。

森林城市要符合国家标准要求。《国家森林城市评价指标》(GB/T 37342—2019)国家标准对地级及以上城市和县级城市分别规定了不同的指标体系(表 6-1、表 6-2)。

表 6-1 国家森林城市评价指标一览表(地级及以上城市)

序号	指标名称	指标要求
一、森林网络		
1	林木覆盖率	
2	城区绿化覆盖率	≥40%
3	城区树冠覆盖率	城区树冠覆盖率≥25%,下辖县(市)城区树冠覆盖率≥20%
4	城区人均公园绿地面积	≥12m²
5	城区林荫道路率	≥60%
6	城区地面停车场绿化	城区新建地面停车场的乔木树冠覆盖率≥30%
7	乡村绿化	乡镇道路绿化覆盖率达70%以上,村庄林木绿化率达30%以上,村旁、路旁、水旁、宅旁基本绿化美化
8	道路绿化	≥80%
9	水岸绿化	水体岸线自然化率达80%以上,适宜绿化的水岸绿化率达80%以上
10	农田林网	按照《生态公益林建设技术规程》(GB/T 18337.3—2001)要求建设农田林网
11	重要水源地绿化	森林覆盖率≥70%
12	受损弃置地生态修复	≥80%
二、森林健康		
13	树种多样性	城区某一个树种栽植数量不超过树木总数量的20%
14	乡土树种使用率	≥80%
15	苗木使用	注重乡土树种苗木培育,使用良种壮苗,提倡实生苗、容器苗、全冠苗造林,严禁移植天然大树
16	生态养护	避免过度人工干预,注重森林、绿地土壤的有机覆盖和功能提升,城区绿地有机覆盖率达60%以上
17	森林质量提升	每年完成需提升面积的10%以上
18	动物生境营造	保护和选用留鸟、引鸟、食源蜜源植物,大型森林、湿地等生态斑块通过生态廊道实现有效连接
19	森林灾害防控	建立完善的有害生物和森林火灾防控体系
20	资源保护	划定生态红线;未发生重大涉林犯罪案件和公共事件
三、生态福利		
21	城区公园绿地服务	500m服务半径对城区覆盖达80%以上
22	生态休闲场所服务	20km服务半径对县域覆盖率达70%以上

(续)

序号	指标名称	指标要求
23	公园免费开放	财政投资建设的公园向公众免费开放
24	乡村公园	每个乡镇建设休闲公园1处以上，每个村庄建设公共休闲绿地1处以上
25	绿道网络	城乡居民每万人拥有绿道长度达0.5km以上
26	生态产业	发展森林旅游、休闲、康养、食品等绿色生态产业，促进农民增收致富
四、生态文化		
27	生态科普教育	所辖区(县、市)均建有1处以上参与式、体验式的生态课堂、生态场馆等生态科普教育场所；在城乡居民集中活动的场所，建有森林、湿地等生态标识系统
28	生态宣传活动	广泛开展森林城市主题宣传，每年举办市级活动5次以上
29	古树名木	保护率100%
30	市树市花	设立市树、市花
31	公众态度	知晓率、支持率、满意度达90%以上
五、组织管理		
32	建设备档	在国家森林城市建设主管部门正式备案2年以上
33	规划编制	编制规划期限10年以上的国家森林城市建设总体规划，并批准实施2年以上

表6-2 国家森林城市评价指标一览表(县级城市)

序号	指标名称	指标要求
一、森林网络		
1	林木覆盖率	
2	城区绿化覆盖率	≥40%
3	城区树冠覆盖率	≥25%
4	城区人均公园绿地面积	≥12m^2
5	城区林荫道路率	≥60%
6	城郊成片森林、湿地	建设20hm^{2}以上的成片森林或湿地2处以上
7	乡镇绿化	乡镇建成区绿化覆盖率达30%以上，建有2000m^{2}以上公园绿地1处以上
8	村庄绿化	林木绿化率达30%以上，村旁、路旁、水旁、宅旁全部绿化，建设1处以上公共休闲绿地

（续）

序号	指标名称	指标要求
9	道路绿化	≥85%
10	水岸绿化	水体岸县自然化率达85%以上，适宜绿化的水岸绿化率达85%以上
11	农田林网	按照《生态公益林建设技术规程》（GB/T 18337.3—2001）要求建设农田林网
12	受损弃置地生态修复	≥80%
二、森林健康		
13	树种多样性	城区某一个树种栽植数量不超过树木总数量的20%
14	乡土树种使用率	≥80%
15	苗木使用	注重乡土树种苗木培育，使用良种壮苗，提倡实生苗、容器苗、全冠苗造林，严禁移植天然大树
16	生态养护	避免过度人工干预，增加绿地有机覆盖，实行森林、绿地的近自然管护
17	森林质量提升	每年完成需提升面积的10%以上
18	动物生境营造	保护和选用留鸟、引鸟、食源蜜源植物，大型森林、湿地等生态斑块通过生态廊道实现有效连接
19	森林灾害防控	建立完善的有害生物和森林火灾防控体系
20	资源保护	有效保护乡村风水林和风景林，未发生重大涉林犯罪案件和公共事件
三、生态福利		
21	城区公园绿地服务	500m服务半径对城区覆盖达80%以上
22	生态休闲场所服务	10km服务半径对县域覆盖率达70%以上
23	公园免费开放	财政投资建设的公园向大众免费开放
24	绿道网络	居民万人拥有绿道长度达0.5km以上
25	生态产业	发展森林旅游、休闲、康养、食品等绿色生态产业，促进农民增收致富
四、生态文化		
26	生态科普教育	建有参与式、体验式的生态课堂、生态场馆等生态科普教育场所5处以上；在城镇居民集中活动的场所，建有森林、湿地等生态标识
27	生态宣传活动	每年举办县级活动5次以上
28	古树名木	保护率100%

(续)

序号	指标名称	指标要求
29	公众态度	知晓率、支持率、满意度达 90% 以上
五、组织管理		
30	建设备档	在国家森林城市建设主管部门正式备案 2 年以上
31	规划编制	编制规划期限 10 年以上的国家森林城市建设总体规划,并批准实施 2 年以上
32	示范活动	积极开展森林社区、森林单位、森林乡镇、森林村庄、森林人家等多种形式示范活动
33	档案管理	档案完整规范,相关技术图件齐备,实现科学化、信息化管理

第七章

森林灾害防控

第一节　林业有害生物防控

　　林业有害生物是指危害林业植物及其产品的病、虫、鼠（兔）及植物等生物。林业有害生物对森林、林木及林产品的危害，可导致树势衰弱、森林健康水平和林产品质量下降，严重的造成林木死亡，影响森林的经济、生态和社会效益的正常发挥。我国林业有害生物种类多，分布范围广。根据我国第三次林业有害生物普查结果统计，全国共发现可对林木、种苗等林业植物及其产品造成危害的林业有害生物种类6179种，其中，昆虫类5030种，真菌类726种，细菌类21种，病毒类18种，线虫类6种，植原体类11种，鼠（兔）类52种，螨类76种，植物类239种。目前，我国总计外来林业有害生物种类有45种。林业有害生物灾害被称为"无烟的火灾"，具有很强的破坏性、隐蔽性、潜伏性和暴发性。林业有害生物灾害是我国重大自然灾害之一，对森林、湿地、荒漠生态系统和生物多样性会造成严重危害，并能危及人民群众身体健康和生命安全。近年来，受全球气候异常、生态环境变化、森林质量不高以及贸易往来剧增等因素综合影响，全国林业有害生物发生危害呈愈加严重趋势，严重威胁着我国的国土生态安全。

一、林业有害生物防治技术

　　林业有害生物防治是针对可危害森林（林木）的有害生物所采取的

预防和治理活动。"预防"是指在有害生物未发生或未严重发生前实施的措施。"治理"是指对已经发生的有害生物灾害进行防治的措施。多年以来,全国各地积极开展林业有害生物技术研究与推广,探索和总结了很多实用有效的防治技术,在控制林业有害生物危害,减轻灾害损失中发挥了重要作用。根据防治方式、特点,可将防治技术分为4个方面:营林措施防治、物理防治、生物防治、化学防治。在实际防治中,常根据需要组合配套使用。

(一)营林措施防治

营林措施防治指依据有害生物的生物学习性和生态学特性,采用适当的造林、经营或管护技术,从而减少林业有害生物发生与危害的一种防治方法。主要包括选用良种壮苗和抗性品种造林、营造混交林、配置诱集植株、修枝截干、清理受害木等。

1. 选用良种壮苗和抗性品种造林

一些有害生物主要随种苗等繁殖材料的运输和使用进行传播。质量不好的苗木,容易受有害生物侵染和危害,在营造林时应在掌握树种特性基础上,选择不携带有害生物的良种壮苗,是保证人工林健康的必要措施。

林木抗性品种是指具有抗一种或几种逆境(包括干旱、洪涝、盐碱、虫害、病害、草害等)遗传特性的品种。抗性品种在同样的逆境条件下,能通过耐受或抵抗逆境,或通过自身补偿作用而减少逆境所引起的灾害损失。在自然界中,同一属内的不同树种之间,甚至同一树种的不同品系、不同个体之间,存在着抗逆性差异,其表现形式主要有3种。一是不选择性。由于树木在形态、生理、生化及发育期不同步等原因使有害生物不危害或很少危害。二是抗生性。即有害生物危害了该树种后,树木本身分泌毒素或产生其他生理反应,使有害生物生长发育受到抑制或不能存活。三是耐害性。树木本身的再生补偿能力强,对有害生物危害有很强的适应性。

选育抗性树种是利用传统方法、诱变技术、组织培养技术和分子生物学技术使其产生抗性,或经过长期实践筛选出抗一种或几种有害生物的树种。在林业有害生物防治实践中，经研究培育和调查筛选，推广应用了一些对某种或几种有害生物具有一定抗性的树种。

2. 营造多树种混交林

混交林具有充分利用空间和营养面积、改善林地立地条件、较好地发挥森林的生态效益和社会效益、增加生物多样性、增强抗御自然灾害和有害生物能力等优点。在规划造林或林分改造时，通过合理的树种搭配、混交类型、混交比例及混交方法，营造结构优化的混交林，有利于林木生长，有利于增加和保护生物多样性，能最大限度地防御有害生物、减轻有害生物危害的风险、充分发挥林分的自我调控功能，实现森林健康生长。

为防御有害生物而营造的混交林，因有害生物种类不同而不同。营造混交林的基本做法是将目的树种（一般为主栽树种）、非寄主树种、喜食树种（诱饵树种）合理混交，创造一个不利于有害生物生存和繁殖的环境，限制有害生物生存和繁殖，降低危害程度，如根据骆有庆等（2002）研究成果，采取多树种配置防御天牛，在西北地区得到应用和推广，其基本配置模式为：主栽树种（抗天牛树种）、非寄主树种（免疫树种）、诱饵树的比例为 50%~45%：50%~45%：0~10%（一般是 5%~10%）。

配置诱集植株也是多树种混交的一种方法，根据害虫对植物的选择性，在林内栽植诱集植物带或诱集植株（某种害虫喜食或嗜食树种），将害虫从面上危害变为点状危害，既降低目标树种受害程度，又可将诱集到的害虫集中消灭，同时，也可利用其作为重点监测树种。配置诱集植株防治有害生物技术，关键是要了解对该有害生物有引诱作用的树种种类，根据实际合理配置。首先是诱集植株比例的确定，然后是诱集植株在林间的配置方式。诱集植株比例与目标树种的抗虫效果并不呈正比关系，而是存在着诱集植株比例的限值。同时，加强对诱饵植株的管理，保持诱饵植株的正常生长，如受有害生物危害致死，再重新补栽，最大限度发挥诱集作用，达到持续控制有害生物的目的。

3. 修枝截干与清理受害木

修枝是比较重要的抚育措施之一，通过修枝去除受有害生物危害的部分枝条，对于危害侧枝的有害生物具有明显防治效果，可直接降低有害生物发生密度和危害程度，还可改善林内环境条件，防止次期性害虫及立木腐朽病的发生和蔓延等。

高干截头是根据有害生物危害情况，将树干一定高度以上部分截掉，通过萌芽更新恢复冠形的措施。该措施在内蒙古等地天牛防治中得到应用。

清理受害木是通过及时伐除受害严重的衰弱木、濒死木、成过熟林，或发生了重大危险性有害生物的林木，迅速降低虫口密度和危害程度，防止有害生物扩散蔓延的方法。一般在秋季落叶后至春季发芽前统一清理。清理前应组织技术人员进行详细调查，做好规划设计，采伐后的林木按要求在规定的时间内集中除害处理。采伐清理病死树，是松材线虫病防治的核心措施，采伐的病死松树要进行就地粉碎（削片）或销毁处理，严防疫木流失。

(二) 物理防治

物理防治是指利用工具及其他物理因子（如光、热、电、温度、湿度和放射能、声波等）防治有害生物的措施。常用方法有人工(器械)防治、诱杀、阻隔、温湿度控制、微波辐射等。

1. 人工(器械)防治

人工(器械)防治即人工或利用器械直接清除有害生物，方法简单、操作容易、快捷有效，主要包括捕捉、摘除、砸卵、刮除、铲除、挖蛹等。在防治工作中，可根据不同有害生物的发生危害特点和林分特点，分别采取不同的方法。对于害虫常使用直接捕捉、震落、网捕、摘除虫枝虫果、刮除树皮、砸卵、挖蛹等人工方法；对于病害常采用人工刮除病斑、清理病枝病叶、摘除病果等方法；对于害鼠可以利用地弓地箭、鼠夹等器械捕杀；对杂草等有害植物人工或机械直接清除。

2. 诱杀防治

诱杀防治是利用某些有害生物（害虫、害鼠）对光线、食物等的趋性，配合一定的物理装置引诱其前来，或配合人工处理措施进行防治的方法。通常包括灯光诱杀、食饵诱杀、潜所诱杀、颜色诱杀等。

灯光诱杀是根据多数昆虫具有趋光的特点，利用昆虫敏感的特定光谱范围的光源诱集昆虫，并利用高压电网或诱集袋、诱集箱等杀灭害虫，达到防治害虫目的。应用较广泛的主要有黑光灯、高压汞灯、频振式杀虫灯，以及太阳能杀虫灯、智能杀虫灯等。

食饵诱杀是根据一些有害生物具有对某种气味或食物的特殊嗜好或趋性，用其嗜好的食物（加入药剂）制成诱饵，诱集或诱捕后杀灭。自制的食物及植物都可作为饵料诱杀害虫、害鼠。

潜所诱杀是利用害虫的潜伏习性和对越冬场所的选择性，模拟制造各种适合场所，引诱害虫来潜伏或越冬，然后采取措施消灭，如树干围草防治美国白蛾、松毛虫等。

颜色诱杀是利用某些昆虫的视觉趋性制作不同颜色的黏虫板，黏附并杀灭害虫，如应用黄板诱杀果树害虫等。

3. 阻隔防治

黏虫胶阻隔防治是利用多种化学胶料、稀释剂、增黏剂、增塑剂、填料等助剂组合加工而成的黏虫胶，在树干上涂抹一定宽度的闭合环，防止害虫上树扩散危害。

塑料胶带阻隔防治是利用胶带的光滑性，在树干环状缠绑一定宽度的塑料胶带，对阻隔在胶带下部的害虫进行清理杀灭。

塑料裙阻隔防治是用塑料薄膜在树干基部围置成裙状（喇叭口），阻止害虫扩散危害，并定期处理阻隔在塑料裙下的害虫。

器具保护是根据鼠类啃食部位，在树干基部一定高度放置塑料、金属网套或捆扎芦苇、干草把、塑料布等物，形成防护层，阻挡害鼠（兔）啃咬危害。

4. 受害木除害处理

要对因遭受有害生物严重危害而采伐清理的林木进行除害处理，彻底消灭有害生物，防止因受害木的存放、使用或流通造成有害生物传播扩散。

除害处理措施主要包括：焚烧、加工利用、剥皮、水浸、微波、热烘、辐照等。

(三) 生物防治

生物防治是指利用活的天敌、拮抗生物、竞争性生物或其他生物进行有害生物防治的手段。主要包括天敌动物的利用、病原微生物防治及昆虫行为、昆虫不育和遗传防治。

1. 天敌防治

天敌防治是根据自然界中某种动物专门捕食或危害另一种动物的特性，通过人工繁殖释放或在林间采取适当保护、招引措施，促进天敌种群数量保持在较高水平，发挥天敌对有害生物的控制作用的方法。主要有寄生性、捕食性昆虫、螨类及其他捕食性动物。利用天敌防治的途径与方法主要有：保护利用本地天敌、天敌输引、天敌移植、助迁技术、天敌人工繁殖与释放等。我国应用天敌防治的主要实践有：应用赤眼蜂、平腹小蜂防治松毛虫等害虫，应用白蛾周氏啮小蜂防治美国白蛾，应用管氏肿腿蜂、花绒寄甲防治天牛等蛀干害虫，应用花角蚜小蜂防治松突圆蚧，应用椰心叶甲啮小蜂、椰甲截脉姬小蜂防治椰心叶甲，应用大唼蜡甲防治红脂大小蠹，保护利用和招引啄木鸟、鹰等捕食性动物防治蛀干害虫、害鼠等。其中，赤眼蜂、白蛾周氏啮小蜂、管氏肿腿蜂等天敌昆虫的人工繁育已实现规模化生产。

2. 病原微生物防治

病原微生物防治是应用可以侵染生物体，能引起感染甚至传染病的微生物防治有害生物的方法。主要包括原核生物、菌物、病毒、原生动物、微孢子虫、线虫等，其中以真菌、细菌、病毒较为常见。

实践中，应用最广泛的细菌是苏云金芽孢杆菌，防治的害虫主要有美国白蛾、松毛虫、杨树食叶害虫等。在害虫防治中应用最多的真菌有白僵菌、绿僵菌等。目前应用最广泛的病毒是核型多角体病毒、颗粒体病毒以及质多角体病毒。如马尾松毛虫、赤松毛虫质型多角体病毒，杨扇舟蛾、丽绿刺蛾、绿刺蛾颗粒体病毒，美国白蛾、春尺蠖、舞毒蛾、油桐尺蠖核型多角体病毒等都是重要的害虫病毒，在防治中应用比较广泛。

(四) 化学防治

化学防治是利用化学物质及其加工产品控制有害生物危害的防治方

法。化学药剂按用途可分为杀虫剂、杀菌剂、杀螨剂、除草剂、植物生长调节剂、杀鼠剂、杀线剂等类型。化学防治具有适应面广、操作简单、作用快速、效果显著的优点，但如应用不当可能对环境造成污染，产生残留、抗药性等。目前，在林业有害生物防治中广泛应用的主要是生物化学药剂及植物源类、微生物源类农药等。生物化学药剂是指有效成分来自天然化合物或与其结构相同的人工合成化合物，对防治对象没有直接毒性，只有调节生长、干扰交配或引诱等特殊作用的农药产品，如昆虫信息素、昆虫生长调节剂等。

（1）昆虫信息素防治。昆虫信息素是由昆虫体内释放到体外，能影响同种或其他个体的行为、发育和生殖反应的微量挥发性化学物质，昆虫间利用这种化学物质进行信息交流。根据此特点，人工合成昆虫信息素用于虫情监测与测报、大量诱捕或诱杀降低虫口密度、迷向干扰交配等。应用较多的主要有性信息素和聚集信息素等。目前得到较广应用的昆虫信息素主要有：美国白蛾、白杨透翅蛾、马尾松毛虫、苹果蠹蛾、芳香木蠹蛾东方亚种、红脂大小蠹信息素。

（2）昆虫生长调节剂防治。昆虫生长调节剂是由昆虫产生的对昆虫生长过程具有抑制、刺激等作用的化学物质。主要有灭幼脲Ⅲ号、除虫脲、氟虫脲、杀铃脲、氟铃脲等，可用于防治美国白蛾、松毛虫、舞毒蛾、春尺蠖、竹蝗、叶蜂等多种食叶害虫。

（3）微生物源药剂防治。微生物源药剂主要成分是由细菌、真菌、放线菌等微生物产生的，可以在较低浓度下抑制或杀死微生物、昆虫、螨类、线虫、寄生虫、植物等其他生物的低分子次生代谢产物。目前，得到应用的主要为抗生素类杀虫杀螨剂，如阿维菌素、多杀菌素等。

（4）植物源农药防治。有效成分直接来源于植物体内含物的农药产品。应用于有害生物防治的植物源农药主要有苦参碱、烟碱、印楝素、川楝素等。

二、几种主要林业有害生物防治技术

（一）松材线虫病防治技术与管理

松材线虫的防治技术有以下几点。

1. 疫情监测普查

(1) 日常监测。每月至少 1 次对辖区内所有松树，重点是电网和通信线路的架设沿线，通信基站、公路、铁路、水电等建设工程施工区域附近，木材集散地周边，景区，以及疫区毗邻地区的松树进行调查。调查是否出现松树枯死、松针变色等异常情况，取样鉴定是否发生松材线虫病。日常监测一般采取踏查、遥感调查、诱捕器调查和详查等方式进行。

踏查：根据松林分布状况，设计可观察全部林分的踏查路线。采取目测或者使用望远镜等方法观测，沿踏查路线调查有无枯死松树，或者出现针叶褪色、黄化、枯萎以及呈红褐色等松针变色症状的松树。

遥感调查：采取航空航天遥感技术手段对大面积松林进行监测调查，一旦发现异常情况，根据遥感图像的卫星定位信息，开展人工地面调查。

诱捕器调查：适用于松材线虫病非发生区林分的监测，严禁在疫情非发生区和发生区的交界区域使用。在媒介昆虫羽化期设置诱捕器，将诱捕到的媒介昆虫成虫活体剪碎，进行分离鉴定。

在日常监测调查过程中，一旦发现松树出现异常情况，立即取样鉴定，确认松树感染松材线虫病或媒介昆虫携带松材线虫后，立即进行详查。

详查：详细调查疫情发生地点、寄主种类、发生面积、病死松树数量、林分状况，以及传入途径和方式等情况，并对病死松树进行精准定位，绘制疫情分布示意图和疫情小班详图。

确认发生面积时，无论是纯林还是混交林，一旦发现一株松树感染松材线虫病，需将整个小班的面积纳入发生面积进行统计。调查病死松树数量时，需将疫情发生小班内的枯死松树、濒死松树一并纳入病死松树进行统计。

(2) 专项普查。对辖区内所有松树进行调查。调查本辖区内松树是否出现枯死、松针变色等异常情况。每年进行 2 次，一般于 3~6 月进行春季普查，8~10 月进行秋季普查。具体普查方法同日常监测方法。

2. 取样

（1）取样对象。可参照以下特征选择取样松树：针叶呈现红褐色、黄褐色的松树；整株萎蔫、枯死或者部分枝条萎蔫、枯死，但针叶下垂、不脱落的松树；树干部有松褐天牛等媒介昆虫的产卵刻槽、侵入孔的松树；树干部松脂渗出少或者无松脂渗出的松树。

（2）取样部位。一般在树干下部（胸高处）、上部（主干与主侧枝交界处）、中部（上、下部之间）3个部位取样。对于仅部分枝条表现症状的，在树干上部和死亡枝条上取样。树干内发现媒介昆虫虫蛹的，优先在蛹室周围取样。

（3）取样方法。在取样部位剥净树皮，直接砍取100~200g木片；或剥净树皮，从木质部表面至髓心钻取100~200g木屑；或将枯死松树伐倒，在取样部位分别截取2cm厚圆盘。所取样品应及时贴上标签，标明样品号、取样地点（需标明地理坐标）、树种、树龄、取样部位、取样时间和取样人等信息。

（4）取样数量。对需调查疫情发生情况的小班进行取样时，总数10株以下的要全部取样；总数10株以上的先抽取10株进行取样检测，如没有检测到松材线虫，继续取样检测，直至全部取完为止。

（5）样品的保存与处理。采集的样品应及时分离鉴定，样品分离鉴定后须及时销毁。若需短期保存，可将样品装入塑料袋内（也可直接保存圆盘、木段），放入4℃冰箱。若需较长时间保存，要定期在样品上喷水保湿，保存时间不宜超过1个月。

3. 分离鉴定

（1）分离。采用贝尔曼漏斗法或者浅盘法分离松材线虫，分离时间一般需12h以上。

（2）鉴定。常规显微镜形态鉴定仅适用于雌雄成虫，以雌成虫为主。采用PCR检测技术判别是否为松材线虫的分子检测方法适用于各虫态。

松材线虫分离、培养、检测鉴定的具体方法可参照国家标准《松材线虫病检疫技术规程》（GB/T 23476—2009）。

4. 疫情确认

首次发现疑似松材线虫疫情的省级行政区，立即进行初检，在初检基础上将样品选送至国家林业和草原局森林和草原病虫害防治总站、全国危险性林业有害生物检验鉴定技术培训中心、国家林业和草原局林业有害生物检验鉴定中心等国家级检测鉴定中心进行检测鉴定。

已发生松材线虫病疫情的省级行政区，其辖区内新发的县级和乡镇级疫情由省级林业和草原主管部门确定的省级检测鉴定机构进行检测鉴定。

5. 疫情防治

（1）总体要求。松材线虫病疫情防治采取以清理病死（枯死、濒死）松树为核心措施，以媒介昆虫药剂防治、诱捕器诱杀、打孔注药等为辅助措施的综合防治策略，坚持科学严格管用的治理思路，实施采伐疫木山场就近粉碎（削片）或者烧毁措施，严防疫木流失。

（2）疫木除治。

①疫木采伐。疫区内松科植物只能进行除治性采伐，除治性采伐分择伐和皆伐两种方式，以择伐为主。

择伐是指对松材线虫病疫情发生小班及其周边松林中的病死（枯死、濒死）松树进行全面采伐。可根据疫情防治需要将择伐范围从疫情发生小班边缘向外延伸 2000m，延伸范围内的择伐对象只限于病死（枯死、濒死）松树。

皆伐是指对松材线虫病疫情发生小班的松树进行全部采伐，原则上不采取皆伐，但对面积在 100 亩以下且当年能够实现无疫情的孤立疫点，可采取皆伐措施，并及时进行造林。采取皆伐措施的，应在当地林业主管部门的有效监管下实施。

除治性采伐须在冬春媒介昆虫非羽化期内进行，媒介昆虫羽化期早于 3 月底的，必须在 3 月底前完成除治性采伐任务，并按照当日采伐当日山场就地处置的要求进行除治。采伐后对采伐迹地上直径超过 1cm 的枝丫全部清理，松木和清理的枝丫应在山场就地全部粉碎（削片）或者烧毁。

无论择伐还是皆伐,都要实行全过程现场监管,防止疫木流失。

②伐桩处理。伐桩高度不得超过 5cm。在伐桩上放置磷化铝 1~2 粒,用 0.8mm 以上厚度的塑料薄膜覆盖伐桩后,再用土将塑料薄膜四周压实;也可采取挖出后粉碎(削片)或者烧毁,以及使用钢丝网罩(钢丝直径≥0.12mm,网目数≥8 目)等方式处理。

③疫木处理。疫木处理主要包括粉碎(削片)、烧毁和钢丝网罩 3 种方式。

粉碎(削片):使用粉碎(削片)机对疫木进行粉碎(削片),粉碎物粒径不超过 1cm(削片厚度不超过 0.6cm)。

烧毁:对于疫木数量少且不具备粉碎(削片)条件的疫情除治区,就近选取用火安全的空地对采伐下的疫木、1cm 以上的枝丫全部进行烧毁。烧毁处理应全过程摄像并存档备查。

钢丝网罩:原则上不使用。对于山高坡陡、不通道路、人迹罕至,且疫木不能采取粉碎(削片)、烧毁等处理措施的特殊地点,可使用钢丝网罩(钢丝直径≥0.12mm,网目数≥8 目)包裹疫木后锁边,就地进行处理。

(3)媒介昆虫防治。媒介昆虫防治的主要方法包括:药剂防治、诱捕器诱杀、立式诱木引诱、打孔注药、天敌防治等。

①药剂防治。在松材线虫病防治区和预防区,于媒介昆虫羽化初期和第一次喷施药剂的有效期末,选用高效低毒、环境友好的缓释型药剂连续 2 次施药防治。

②诱捕器诱杀防治。在松材线虫病疫情发生林分的中心区域且媒介昆虫虫口密度较高的松林,于媒介昆虫羽化前 1~5d 设置诱捕器,一般每 30 亩可设置一套,每套之间的距离约 150m。诱捕器要尽量设置在林中相对开阔且通风较好区域。该方法严禁在疫情发生区和非发生区交界区域使用。

③立式诱木引诱防治。在疫情除治小班的中心区域,于媒介昆虫羽化前 2 个月,选取发生区内林间衰弱松树设为诱木,每 10 亩可设置 1 株。于媒介昆虫非羽化期,将诱木全部进行粉碎(削片)或者烧毁处

理。该方法严禁在疫情发生小班边缘的松林和没有粉碎(削片)或者烧毁处理条件的区域使用。

④打孔注药。适用于古树名木以及公园、景区、寺庙等区域内需要重点保护的松树。

⑤天敌防治。适用于松材线虫病预防区内控制媒介昆虫种群密度的辅助措施使用。

6. 档案管理

松材线虫病预防和除治工作中应当建立和完善档案资料，并妥善保管。主要包括：政府和主管部门制定印发的松材线虫病相关文件、防治方案、防治经费以及相关会议资料等；松材线虫病疫情监测、普查、取样、检测鉴定等工作台账；辖区内检疫检查、涉木企业及个人登记备案等情况；松材线虫病疫情除治作业、疫木监管等情况；松材线虫病疫情除治现场图片、影像等资料；松材线虫病防治成效检查验收、工作总结等。

松材线虫的防治管理措施有以下几点。

1. 总体原则

(1)坚持政府主导、属地管理的原则。疫情防治实行地方人民政府负责制。乡镇、村等基层政府和群众自治组织在疫情防治过程中应当履行防治责任，做好当地群众的组织协调工作。

(2)坚持严管疫木、科学安全的原则。疫木除治性采伐采取先封后伐的方式，按照疫木处理能力和监管能力决定采伐量的要求，在确保完成病死(濒死、枯死等)疫木除治性采伐任务的前提下，有计划有步骤地开展除治性采伐。

2. 监测普查和检测鉴定

(1)监测普查。地方林草主管部门应建立健全疫情监测普查制度，制定疫情监测普查方案，定期对辖区内的松科植物组织开展日常监测和专项普查。乡镇林草工作站按照监测普查方案组织当地护林员开展监测普查，并及时报告管护区内松树出现的异常情况。

(2)检测鉴定。省级林草主管部门应制定本辖区松材线虫病疫情检测鉴定管理办法，明确疫情检测鉴定的机构、程序和有关要求，并将确定的省级检测鉴定机构报国家林业和草原局备案。

3. 疫情报告

（1）新发疫情报告。经鉴定确认的新发疫情，当地林草主管部门应在 5 个工作日内，将疫情发生地点、寄主种类、发生面积、病死松树数量等情况同时报告上级林草主管部门和当地人民政府，并在 10 个工作日内由省级林草主管部门将疫情上报至国家林业和草原局（抄报国家林业和草原局森林和草原病虫害防治总站）。

（2）月报告。省级林草有害生物防治机构每月底通过林草有害生物防治信息管理系统向国家林业和草原局森林以及草原病虫害防治总站报告松材线虫病疫情监测结果。

（3）普查结果报告。省级林草主管部门以正式文件于每年 7 月和 11 月前，将春季和秋季普查报告上报国家林业和草原局（具体按《松材线虫病防治技术方案》要求执行）。

4. 疫区划定和公布

发生疫情的县级行政区应当划定为疫区，发生疫情的乡镇级行政区应当划定为疫点。疫区由省级林草主管部门提出，由国家林业和草原局负责公布，每年至少 1 次；疫点由省级林草主管部门提出，由其报请省级人民政府备案后进行公布，每年至少 1 次。

新发生疫情的县级行政区，在未划定疫区前应按照疫区管理。

5. 疫情管理

松材线虫病疫情一经确认，当地政府应立即启动应急预案，组织制定防治方案，开展疫情防治。县级疫情发生区的松材线虫病防治方案由县级人民政府组织制定，经省级林草主管部门审定并备案后组织实施。

防治方案实施前，县级林草主管部门应根据防治方案组织编制作业设计。作业设计要将防治范围、面积、技术措施和施工作业量落实到小班，并绘制发生分布图、施工作业图表和文字说明。

疫情防治实行限期目标制度。新发疫情应自确定之日起，争取 1 年内实现无疫情；已发生的孤立疫点、区域位置显要和危险性大的疫点，应在限期目标下达后 2 年内实现无疫情。

6. 疫木管理

(1) 疫木除治性采伐。松材线虫病疫区松科植物只能进行除治性采伐。除治性采伐所需限额由县级林草主管部门优先安排,在县域范围内统筹使用当地限额,不受分项限额限制,当地采伐限额不足时可按程序申请增加。严防借疫木采伐之名过度采伐,禁止疫区开展除治性采伐以外的其他疫木采伐活动。

(2) 疫木利用监管。疫木经粉碎(削片)后可采取制作纤维板、刨花板、颗粒燃料,以及造纸、制炭等方式在本地区进行疫木利用,严禁跨省级行政区进行疫木利用,具体管理办法由省级林草主管部门制定。

县级林草主管部门应制定疫木粉碎物(削片)利用监管方案,实行全过程监管,每季度向上级林草主管部门报告监管情况。省、市级林草主管部门定期开展督导检查。

7. 疫区撤销

松材线虫病疫区或者疫点达到下列条件之一的,可认定为拔除:①经连续 2 年调查,疫区或者疫点内松科植物取样检测无松材线虫,且媒介昆虫虫体取样检测无松材线虫。②疫区或者疫点内没有在自然条件下感染松材线虫病的松科植物。

达到拔除标准的疫区和疫点可按程序和要求论证审核批准后予以撤销。撤销疫区由国家林业和草原局公布。撤销疫点由省级林草主管部门组织查定,报请省级人民政府备案后公布。

8. 检疫封锁

(1) 严格监管。地方各级林草植物检疫机构应加强对辖区内涉木单位和个人的监管,实行电网、通信、公路、铁路、水电等建设工程施工报告制度和涉木企业及个人登记备案制度,建立省市县三级加工、经营和使用松木单位和个人档案,定期开展检疫检查。

(2) 检疫检查。对辖区内涉木单位和个人的检疫检查,定期开展专项执法行动,严肃查处违法违规采伐、运输、经营、加工、利用、使用疫木及其制品的行为。加强电缆盘、光缆盘、木质包装材料等的复检。

林业植物检疫机构在检疫检查过程中查获的疫木及其制品,采取销毁方式依法就地处理。

9. 有关责任

松材线虫病防治过程中,出现疫情除治不力、疫木监管不严、疫情发现不及时,以及不按规定报告、通告、公开疫情信息等情形的,按照《党政领导干部生态环境损害责任追究办法(试行)》《松材线虫病生态灾害督办追责办法》等有关规定追究相关责任人责任;涉嫌犯罪的,依法追究相关责任人刑事责任。

违反有关规定,采伐、运输、经营、加工、利用、使用疫木及其制品的,依法追究有关责任人的责任;引起疫情的,或者有引起疫情危险的,依法追究相关责任人刑事责任。

(二)美国白蛾防治技术

美国白蛾是一种鳞翅目灯蛾科害虫,原产于北美洲,是世界检疫性害虫。1979年传入我国,现已有10多个省(自治区、直辖市)发生疫情。美国白蛾幼龄幼虫吐丝结成网幕,在网内群居取食叶片,受害叶片仅留叶脉和上表皮,呈白膜状枯黄。网幕随幼虫长大而变大,严重时网幕长达1~2m,犹如一层白纱缚在树冠上,整株或成片林木叶片被吃光,影响林木生长,破坏绿化景观。

美国白蛾食性特杂,可危害300多种树木、花卉及农作物、蔬菜等,最喜食的植物有桑树、臭椿、糖槭、白蜡、悬铃木、榆树、杏树和柿树等;繁殖量极大,1头雌蛾年平均繁殖后代达3000万头;扩散能力也很强,可通过成虫、幼虫、蛹等虫态随交通工具进行传播。

美国白蛾的主要防治技术有以下几种。

1. 物理防治

(1)剪除网幕。在幼虫网幕期,利用高枝剪等工具剪除网幕。剪下的网幕就地进行灭虫处理。应在有破网分散前(一般在4龄前)进行。

(2)人工挖蛹。冬春季节,人工挖除越冬蛹,进行处理。

(3)围草诱蛹。夏、秋季,老熟幼虫化蛹前,用谷草、稻草或草帘等物,上松下紧围绑于树干离地面1m左右处,诱集其前来化蛹,诱蛹结束后，解下草把进行处理或用纱网罩住集中存放，待其中天敌飞出后再做处理。

2. 生物防治

（1）天敌昆虫防治。老熟幼虫期和化蛹初期，释放白蛾周氏啮小蜂防治。

（2）微生物药剂防治。幼虫 2~3 龄时，应用 Bt. 0.5×10^8 ~ 2.5×10^8 IU/hm^2、美国白蛾 NPV 3.0×10^8 ~ 4.0×10^8 PIB/hm^2、球孢白僵菌 15 万亿~45 万亿孢子/hm^2 喷雾。

3. 化学防治

应用药剂主要有：25%灭幼脲Ⅲ号胶悬剂，常量或低容量喷雾，150~450g/hm^2；1%苦参碱可溶性液剂，常量喷雾 750~900mL/hm^2；1.2%烟碱·苦参碱乳油，常量喷雾 750~900mL/hm^2。

防治技术要求执行《美国白蛾防治技术规程》(LY/T 2111—2013)。

（三）红脂大小蠹

红脂大小蠹是一种危害松树的蛀干、蛀根性害虫，是我国植物检疫对象，属鞘翅目小蠹科。危害的松树主要有油松、白皮松、华山松、樟子松等，10cm 以上的主干和大侧根以及新鲜的伐桩等最易受害，侵入孔多在 1m 以下树干上，新侵入孔有红褐色漏斗状凝脂块。虫口密度较大时，虫道相连形成环剥，即造成整株树木死亡。现主要分布于山西、河北、河南、陕西、内蒙古、辽宁等部分地区。

红脂大小蠹的主要防治技术有以下几种。

1. 营林措施

伐除林内枯死木、濒死木。伐除木要用磷化铝片剂统一进行熏蒸处理。

2. 物理防治

以红脂大小蠹喜食树木为饵木引诱成虫。饵木应设置在郁闭度低、坡向为阳坡的成、过熟林内。

3. 化学防治

（1）活立木熏蒸。在树干距地面 50cm 处，用手锯锯一周凹槽，刨开树干基部 30cm 范围内的土层，将厚 0.06mm、宽 1m 的塑料布裁成梯形围绕树干一周，塑料布上缘绑紧，地面处塑料布呈裙状，用土埋实，内置磷化铝片剂 3~4 片，将塑料布接口处用胶带粘牢。

(2) 药剂防治。成虫羽化尚未出孔前，在树干、树基部喷洒西维因等油剂；或用 40% 氧化乐果乳油 5 倍稀释液虫孔注药，而后用凝脂或湿土将虫孔堵严。

(3) 诱捕器诱杀。成虫扬飞期，在林缘、山脊或林间空旷处每隔 20~50m 悬挂诱捕器诱捕。

防治技术要求执行《红脂大小蠹防治技术规程》(LY/T 2025—2012)。

(四) 林业鼠害

害鼠主要对苗木和幼树根及地上部分皮层啃食危害。根据生活习性和危害特点，分为地下鼠、地上鼠两大类。其中，地下鼠类主要包括中华鼢鼠、甘肃鼢鼠、高原鼢鼠、东北鼢鼠等。地上鼠类主要包括平鼠、姬鼠、田鼠、绒鼠、沙鼠、跳鼠、鼠兔等。林业害鼠主要在西北及东北局地危害较重。

林业鼠害的主要防治技术有以下几点。

1. 营林防治

(1) 造林整地。可结合鱼鳞坑(直径 0.6m×深 0.7m，适合于丘陵及山地)整地进行深翻，破坏害鼠栖息环境；地下鼠可实行深坑栽植(长 3.0m×宽 0.8m×深 0.7m，适合于平缓地区，每坑内栽植 3~5 棵幼树)，或挖掘防鼠阻隔沟(宽 0.5m×深 0.8m)。

(2) 营林管护。科学实施抚育措施，及时清除林内灌木、藤蔓植物和枝丫、倒木等，破坏害鼠的栖息场所和食物来源，改善林分卫生状况。

2. 物理防治

(1) 器械捕杀。地下鼠类可使用地箭、弓形铗等器械捕杀；地上鼠类可布设捕鼠笼、捕鼠铗等器械捕杀。

(2) 树干防护。在树干部环套 0.8m 高的金属防护网或塑料管，防止啃食树干；涂抹泥沙或者捆扎芦苇、干草把、塑料布等，涂抹和捆扎高度约 0.5m；在树苗或树干上套置柳条筐、笼等防护套具，避免害鼠和野兔啃食树干。

（3）驱避忌食。造林前使用拒避剂和抗旱驱鼠剂等对树种种子进行搅拌；造林时使用拒避剂和抗旱驱鼠剂等对树根浸蘸、浇灌、喷施处理；造林后用防啃剂、拒避剂等进行树干涂抹。

3. 生物防治

天敌招引与保护。招引并保护猫头鹰、雕、蛇、黄鼬、艾虎、狐狸等害鼠天敌，并实行禁捕、禁猎措施。主要包括：在人工林内垒积石堆、枝柴堆或者草堆等招引鼬科动物；布设招引架（栖息架）、人工鸟巢或者直接安放带有天然树洞的木段招引猛禽。

4. 化学防治

日常防治时可选用地芬·硫酸钡、雷公藤甲素、莪术醇等农药制剂，鼠口密度大时可用溴敌隆压低鼠口密度。

防治技术要求执行《林业鼠（兔）害防治技术方案》。

（五）光肩星天牛

光肩星天牛属鞘翅目天牛科，主要以幼虫蛀食木质部，成虫补充营养时也可取食寄主叶柄、叶片及小枝皮层。寄主树种主要为杨属、柳属、榆属、槭属等。成虫产卵在树干上咬出圆形或唇形刻槽，天牛危害的树干表面可见有蛀孔和虫粪，且呈羽化孔圆形。发生严重时，树干千疮百孔，木质部被蛀空，上部出现枯梢，乃至整株枯死。

光肩星天牛在辽宁、山西、陕西、甘肃、宁夏、内蒙古、青海等 20 余省（自治区、直辖市）发生。以三北地区危害尤重。

光肩星天牛的主要防治技术有以下几种。

1. 营林措施

清理被天牛重度危害的衰弱木、濒死木及成过熟林；新造林时合理配置包括目的树种、非寄主树种和一定比例的诱饵树种等多树种混交林；在春季叶芽萌动前，采取高干截头等措施。

2. 物理措施

人工捕捉成虫；5~6 月或 7~8 月卵或低龄幼虫期以锤击树干产卵

刻槽，砸死卵和小幼虫。

3. 生物防治

保护枯朽的树木和有鸟巢穴的立木，人工挂鸟巢，招引和利用啄木鸟；人工释放花绒寄甲、管氏肿腿蜂等天敌防治。

4. 化学防治

(1) 在大龄幼虫至蛹期，疏通天牛排粪孔后，插入毒签（一般为磷化铝药剂制成）。

(2) 采取5%吡虫啉乳油0.3~0.5mL/cm，或3倍液，树干打孔注药。

(3) 成虫期，树干、大侧枝、树冠采用8%氯氰菊酯微囊悬浮剂300~500倍液、3%高效氯氰菊酯微囊悬浮剂400~600倍液喷雾；2%噻虫啉微囊悬浮剂2000~3000倍液喷雾；1%噻虫啉微胶囊粉剂3kg/hm^{2}与3~4kg轻钙粉拌匀后喷粉。

防治技术要求执行《光肩星天牛防治技术规程》（LY/T 1961—2011）。

第二节 森林火灾防控

森林火灾破坏性强、破坏范围广、造成损失巨大，直接影响着林业建设与造林绿化成果的保护和巩固。为保护和巩固造林绿化成果，减少森林火灾的损失，一方面，要严格执行《森林法》及其实施条例、《森林防火条例》及各地区的森林防火条例实施细则的有关规定，落实各级人民政府对本行政区域森林防火工作的责任，组织开展森林防火宣传活动，普及森林防火知识，划定森林防火区，规定森林防火期，设置森林防火设施，配备森林防灭火装备和物资，保障预防和扑救森林火灾的费用，建立森林火灾监测预警体系，及时消除隐患，制定森林火灾应急预案，发生森林火灾及时组织扑救，发挥群防作用，做好森林火灾的科学预防、扑救和处置工作；另一方面，可以通过采取营林措施、生物措施，优化调整森林结构，从源头预防森林火灾，减少森林火灾对造林绿化成果造成的损失。

（1）科学配置造林树种营建混交林，降低森林的可燃性。常绿阔叶林的可燃性低于落叶阔叶林，落叶阔叶林低于针叶林，针阔混交林低于针叶纯林。因此，在造林绿化树种配置时应避免营造大面积、集中连片的针叶纯林，尽量营造针阔混交林。或者在火险等级较高的针叶纯林中有计划地引进种植常绿阔叶树种，形成针叶树种和常绿阔叶树种混交林，降低林分火险等级。

（2）及时开展抚育间伐，清理和减少林内可燃物。新造幼龄林地一般都具有杂草灌木丛生的特点，既妨碍幼树生长，而且容易引起火灾，应结合松土、除草、垦复等幼林抚育管护措施，及时清理林内杂草灌木，降低火灾风险；特别是幼龄林郁闭后，由于林木分化，林下枯枝落叶密集，火灾隐患大，容易引起森林火灾，应及时开展修枝、清林、抚育间伐，及时清理林内枯枝，减少可燃物。

（3）营造生物防火隔离带，阻隔森林火灾蔓延。其原理是利用阔叶树种，特别是常绿阔叶树种的阻燃能力阻止林火蔓延。防火隔离带一般沿山地林缘、道路、沟谷等营造，或者通过营建防火隔离带将大面积集中连片的森林分隔成若干小区，一旦发生火情，可将火源阻隔在林缘之外，起到阻火、隔火和断火的作用。防火隔离带造林树种选择，一般应选择不易燃烧、抗火性强的常绿阔叶树或落叶较迟的阔叶树种。通常从以下4个方面研究考虑：一是了解树种的抗火性。试验研究树种的枝、叶、树皮等易燃物的理化性质，如可燃物的热值、含脂量、含油量、燃点、灰分、含硅量及含水量等，前三项值越低，抗火性越大；后几项值越大，越抗火。二是了解树种的生物学特性。树皮越厚，结构越紧密，越抗火。另外，林冠稀疏且萌发能力强的深根性树种抗火性强。三是了解树种的生态学特性。包括对分布的海拔、干湿程度、肥沃度等生态条件的适应能力。四是调查火烧迹地。研究不同树种烧死、烧伤程度，以此来判断树种的抗火能力。我国树种资源十分丰富，有许多树种可以选择为防火树种。如北方地区一般选择水曲柳、核桃楸、黄波罗、柳树、榆树、槭树、稠李、落叶松等乔木防火树种，忍冬、卫茅、接骨木、红瑞木、白丁香、刺五加、醋栗、山梅花、佛头花等灌木防火树种。南方地区一般选择木荷、冬青、山白果、火力楠、大叶相思、栓皮栎、交让木、珊瑚树、茴香树、苦槠、米槠、构树、青栲、红楠、红锥、红花油茶、桤木、乌墨、藜蒴、杨梅、青冈栎、竹柏等乔木防火树种，油茶、鸭脚木、柃木、九节木、茶树等灌木防火树种。

(4) 开展计划烧除，有计划地降低森林火灾隐患，防止森林火灾发生。计划烧除又称为计划用火，是林火管理的一项重要措施和手段。该方法在美国应用比较广，是森林健康经营的一种重要措施。计划烧除是利用火对森林有利的一面，在事先确定的林区内，对植被实施有计划的焚烧，减少可燃物载量，防止森林火灾的发生，并通过烧死病虫害、增加土壤矿物质等减少病虫害对林木生长的危害，促进树木生长，给森林的生长发育带来一定的益处。但是，计划烧除也会带来一些问题，需要实施计划烧除时全面考虑，慎重决策。一是破坏土壤合理结构。林下植被等有机类可燃物焚烧后产生的焦油渗入土层会形成一层不透水层，从而破坏土壤的透水透气性能，在山地进行计划烧除会引起水土流失。二是造成空气和水流污染。燃烧产生的大量二氧化碳会造成局部大气污染，特别是在低温、高湿、无风的条件下进行计划烧除，有机物的不完全焚烧会产生大量的一氧化碳，对人和动物带来严重的毒害。而且燃烧后如果控制不当造成水土流失会将泥沙冲入水中污染水源，在水源涵养林、重要水源地要慎用计划烧除。三是会破坏动植物之间的自然合理区系。四是如果操作失误，稍有不慎就会引发森林火灾。为充分利用计划烧除在防止森林火灾的良好作用，通常采取低强度的计划烧除(火焰高度不超过 1.5m)，而且主要在以下地段实施：林地外沿的荒山荒地，与林地相连的农田残茬残秆和地畔杂草，林区道路两侧(保护区除外)，林地内生产、贮存易燃易爆物品周围 500m 以外的荒地，胸径 8cm 以上、下树冠离地面 1.6m 以上的林地(保护区除外)。

第八章 森林抚育

经过几代人的艰苦努力，我国森林面积持续增加，但森林质量不高，存在着过密过疏林分多、密度适宜林分少，纯林多、混交林少，森林结构不合理、质量差，生态功能低下等问题，需要持续开展森林抚育，提高森林质量。

第一节 森林抚育的目标和总体要求

一、森林抚育的目标

《森林抚育规程》（GB/T 15781—2015）规定：森林抚育的目标是为了改善森林的树种组成、年龄和空间结构，提高林地生产力和林木生长量，促进森林、林木生长发育，丰富生物多样性，维护森林健康，充分发挥森林多种功能，协调生态、社会、经济效益，培育健康稳定、优质高效的森林生态系统。

这一规定根据抚育对象的特征对抚育目标进行了分级，将提高林地生产力和林木生长量作为重要目标，同时统筹兼顾丰富生物多样性、提高森林稳定性和维护森林健康等其他目标，在确保实现森林多种功能目标下，有利于构建健康稳定、优质高效的森林生态系统。

二、总体要求

《森林抚育规程》（GB/T 15781—2015）按照多功能全周期近自然经

营理念，根据林分发育特征，提出了森林生长发育演替的 5 个阶段：建群阶段、竞争生长阶段、质量选择阶段、近自然结构阶段、恒续林阶段，明确了森林抚育的主要原则，要求根据森林发育阶段、培育目标和森林生态系统生长发育与演替规律，确定森林抚育方式。

(1) 幼龄林阶段由于林木差异还不显著而难于区分个体间的优劣情况，不宜进行林木分类和分级，需要确定目的树种和培育目标。

(2) 幼龄林阶段的天然林或混交林由于成分和结构复杂而适用于进行透光伐抚育，幼龄林阶段的人工同龄纯林（特别是针叶纯林）由于基本没有种间关系而适用于进行疏伐抚育，必要时进行补植。

(3) 中龄林阶段由于个体的优劣关系已经明确且适用于进行基于林木分类（或分级）的生长伐，必要时进行补植，促进形成混交林。

(4) 只对遭受自然灾害显著影响的森林进行卫生伐。

(5) 条件允许时，可以进行浇水、施肥等其他抚育措施。

确定森林抚育方式要有相应的设计方案，使每一个作业措施都能按照培育目标产生正面效应，避免无效工作或负面影响。

同一林分需要采用两种及以上抚育方式时，要同时实施，避免分头作业。

林分发育特征可依据林分主林层的高度范围进行判断。根据林分发育特征确定抚育方式，采取相应的抚育措施，是一个简明可操作的方法，易于掌握和执行。

第二节　森林抚育的技术要求

一、龄组和起源划分

(一) 龄组划分

科学划分林木或林分的年龄（龄级与龄组）是适时有效开展森林抚育活动的重要依据之一。《森林抚育规程》（GB/T 15781—2015）要求，依据目的树种划分龄组。主要树种（组）龄组与龄级划分按照《森林资源规划设计调查技术规程》(GB/T 26424—2010)的规定执行。对于层次明显的异龄林,可以分别层次划分目的树种和龄组。

龄级是林木或林分年龄的分级,即根据森林经营要求及树种生物学特性,按一定年数作为间距划分成若干个级别。每一龄级所包括的年数称为龄级期限,根据树种的生长快慢,常以20年、10年、5年、2年为一个龄级,用罗马数字Ⅰ、Ⅱ、Ⅲ、Ⅳ、Ⅴ、Ⅵ、Ⅶ……表示龄级大小,数字越大,表示龄级越高、年龄越大。

龄级的划分只是依照树木生长的速度快慢,但不能直观地反映林分的发育和可利用的阶段,因而产生了龄组。龄组实际就是龄级的整化。一个龄组可以包含一至几个龄级。龄组判定与划分是支持传统轮伐期经营模式下森林抚育的一个重要依据。龄组划分主要依据人工同龄林经营过程中林木数量成熟的判断标准执行,通常是把达到数量成熟(主伐年龄)的那个龄级或高一个龄级的林分划为成熟林;更高的龄级(无论多少个)均划为过熟林;比成熟林低一个龄级的林分划为近熟林;在近熟林以下,龄级数为偶数时,中龄林和幼龄林各占一半,如果龄级数为奇数,则多给幼龄林一个。

龄组划分对于异龄林经营的指导作用不明显,而以径级结构(目标直径)为特征的森林经营可以作为异龄林抚育方式选择的主要依据。根据异龄林的生长发育特征,可划分为建群阶段、竞争生长阶段、质量选择阶段、近自然结构阶段、恒续林阶段5个阶段。

(二)起源划分

森林按起源可划分为人工林、天然林。对于人工天然混生的林分,可按照林分中的目的树种确定其起源。对于层次明显的异龄林,可以分层次划分目的树种和起源。

天然林是由自然媒介的作用,树木种子落在林地上发芽生根长成树木,而由这些树木所形成的森林称作天然林。

人工林是由人工直播造林、植苗造林或分殖造林等造林方式生成树木,这些树木所形成的森林称为人工林。

天然林按其更新下种的来源又可分为实生林和萌生林。凡是由种子起源的林分称为实生林。当原有的林木被采伐或自然灾害破坏后，由树木的伐桩上萌条、根蘖等无性繁殖形成的森林称为萌生林。

二、抚育采伐作业原则

采劣留优、采弱留壮、采密留稀、强度合理、保护幼苗幼树及兼顾林木分布均匀。通过林木分类或分级加以落实。

抚育采伐作业要与具体的抚育采伐措施、林木分类或分级的要求相结合，避免对森林造成过度干扰。

三、林木分类与分级

(一) 林木分类

林木分类适用于所有林分（单层同龄人工纯林也可以采用林木分级）。林木类型划分为目标树、辅助树、干扰树和其他树。林木分类是按目标树经营体系对林木进行分类的方法。目标树经营体系以林分中的优势木或乡土树种为主要经营对象，通过标记目标树，对其进行单株木抚育管理；在保持森林生态功能的前提下，实现高价值林分组成（目标树）的最大平均生长量，保持林地最大生产力，确保林分不出现早期生长衰退，避免灾害性病虫害的发生。目标树经营体系中目标树在培育过程中根据其生长特性和市场需求（可能发挥的最佳经济效益）仅需确定目标直径，包括干扰树采伐等在内的所有抚育措施都是围绕目标树的生长发育进行，其目标都是为了促进其快速生长并达到可采伐利用目标直径。

1. 目标树

选择目标树的一般标准是：①属于目的树种；②生活力强；③干材质量好；④没有（或至少根部没有）损伤；⑤优先选择实生起源的林木。

选择目标树可以根据不同的森林情况灵活掌握。对于树种价值差异不显著的天然林，可以不苛求"目的树种"而直接选择"生活力强的林木个体"作为目标树；对于人工同龄纯林可以不苛求"实生"与"萌生"的区别，按照"与周边其他相邻木相比具有最强的生活力"的原则选择目标树。

目标树的抚育经营过程中需要注意"选什么、选多少"的问题。目标树应该是立地适生，与森林经营目标一致的实生林木。除此之外，目标树还必须具有生活力强、干材质量高、无损伤、冠形好的特性。一般来说，可按照以下要点选择目标树。

(1) 必须是特优木或者优势木，占据林分主林层，被压木和濒死木不能选作目标树。

(2) 干形通直完满。如果整体林分质量不高，可以考虑选择局部轻度弯曲的林木作为目标树，但是多分枝或重度弯曲或扭曲的林木个体不能选作目标树。对于二分枝的林木个体，可以视分枝高度和分枝下部林木干形情况而定。如果二分枝的分枝高度较高，在 4m 以上，且分枝下部林木干形通直完满，在整体林分质量不高的特殊情况下，也可以选作目标树。除此之外，均不能选作目标树。

(3) 根部无损伤和病虫害的情况。如果整体林分质量不高，可以考虑轻度损伤的林木选择为目标树，但是中度和重度损伤的林木个体不能选作目标树。

(4) 树冠均匀饱满，冠型一般要求至少有 1/4 树高的冠长。根据树种的不同，冠型也有不同的指标。例如，对于油松来说，目标树的冠型应该是倒锥形的，且针叶致密而油绿。

2. 辅助树

辅助树又称"生态目标树"，是有利于提高森林的生物多样性、保护珍稀濒危物种、改善森林空间结构、保护和改良土壤等功能的林木。例如，能为鸟类或其他动物提供栖息场所的林木可选择为辅助树加以保护。

辅助树(生态目标树)对改善林分结构、增加林分生物多样性、改良土壤等具有重要意义。因此，选择生态目标树应当首先考虑到生物多样性的因素。选择生态目标树时应当考虑以下几点：

(1) 生态目标树能够改变现有单一林分结构，增加林分生物多样性。因此，对建群阶段、竞争生长阶段的林分，尤其要考虑到生态目标树的选择和保护。

(2)生态目标树并不只包括阔叶树种，一些适合当地立地条件的稀有树种、具有保存价值的古树、能为鸟类或其他动物提供食物或栖息地的林木等均为生态目标树。

选择生态目标树时，首先考虑顶级群落树种，如在部分针叶林区的栎类、核桃等；其次是考虑先锋树种，如山杨、白桦等，且先锋树种应选择干形和冠型较好、生活力强的个体为生态目标树。

生态目标树既包括能增加林分树种多样性的林木，还应包括能为动物提供食物或栖息场所的林木。总之，生态目标树是能增加整个森林生物多样性的和景观多样性的林木。

3. 干扰树

干扰树是对目标树生长直接产生不利影响或显著影响林分卫生条件、需要在近期采伐的林木。

干扰树的选择至关重要，它关系到目标树是否能顺利和健康地生长。在选择干扰树时应考虑以下几点。

(1)影响目标树或者生态目标树生长的林木个体为干扰树。这里的影响主要是指影响目标树的树冠生长，因此在确定干扰树时主要是考虑树冠是否显著地影响了目标树或生态目标树的正常生长。

(2)在选择干扰树时，如果林分处于竞争生长阶段，而且在优势木中发现两棵互相干扰却都符合选作目标树的条件时，应该同时保留这两棵优势木作为目标树，不选择干扰树。

(3)在选择干扰树时，当发现一些林木离目标树很近，树冠却处于目标树树冠的下方并没有影响目标树正常生长，且采伐后不能用材的林木不宜选作干扰树，应当做一般林木对待。

(4)当发现生态目标树周围有符合被选作目标树的林木时，应该首要考虑目标树的生长，可同时标注为生态目标树和目标树，而不确定他们谁为干扰树。

4. 其他树

其他树是指林分中除目标树、辅助树、干扰树以外的林木。林分中选择目标树、辅助树和干扰树后剩余林木统称为其他树。其他树的抚育采伐作业根据林分密度需求进行确定。

(二) 林木分级

适用对象：单层同龄人工纯林。林木级别分为5级。

(1) Ⅰ级木。又称优势木，林木的直径最大，树高最高，树冠处于林冠上部，占用空间最大，受光最多，几乎不受挤压。

(2) Ⅱ级木。又称亚优势木，直径、树高仅次于优势木，树冠稍高于林冠层的平均高度，侧方稍受挤压。

(3) Ⅲ级木。又称中等木，直径、树高均为中等大小，树冠构成林冠主体，侧方受一定挤压。

(4) Ⅳ级木。又称被压木，树干纤细，树冠窄小且偏冠，树冠处于林冠层平均高度以下，通常对光、营养的需求不足。

(5) Ⅴ级木。又称濒死木、枯死木，处于林冠层以下，接受不到正常的光照，生长衰弱，接近死亡或已经死亡。

(三) 林木采伐顺序

根据林木分类或林木分级的不同，抚育采伐按以下顺序确定保留木、采伐木：

(1) 没有进行林木分类或分级的幼龄林，保留木顺序为：目的树种林木、辅助树种林木。

(2) 实行林木分类的，保留木顺序为：目标树、辅助树、其他树；采伐木顺序为：干扰树、(必要时) 其他树。

(3) 实行林木分级的，保留木顺序为：Ⅰ级木、Ⅱ级木、Ⅲ级木；采伐木顺序为：Ⅴ级木、Ⅳ级木、(必要时) Ⅲ级木。

四、各种抚育方式的作业要求和质量控制指标

(一) 透光伐

1. 作业要求

透光伐主要解决幼龄林阶段目的树种林木上方或侧上方严重遮阴问题。所谓严重遮阴与树种的喜光性有关。只有当上方或侧上方遮阴妨碍

目的树种高生长时才认为是严重遮阴。通常满足下述两个条件之一：①郁闭后目的树种受压制的林分；②上层林木已影响到下层目的树种林木正常生长发育的复层林，需伐除上层的干扰木时。

林木采伐对象：

(1)抑制主要树种生长的次要树种、灌木、藤本、高大草本。

(2)密度过大的主要树种林分中树干细弱、生长落后、干形不良的个体。

(3)实生起源主要树种数量达标，伐除萌芽更新植株；在萌芽更新林中去劣留优。

(4)在天然更新或人工促进天然更新成功林分或冠下造林林分，伐除上层老龄过熟木。

透光伐抚育方法包括全面抚育、团状抚育、带状抚育、人工抚育、化学抚育。在热带林中用环割法进行透光抚育也是一种措施。热带林中针对一些遮挡光线的霸王树，采伐作业会造成对天然更新和其他下木的破坏。因此，可以环绕林木基部剥去一定宽度树皮。由于切断了向下运输有机养料的筛管，会引起根部饥饿而使树木死亡。

透光伐抚育的时间和次数：一般在夏初作业。每2~3年或3~5年作业1次或2次。

2. 质量控制指标

(1)透光伐后林分郁闭度不低于0.6。

(2)在容易遭受风倒雪压危害的地段，或第一次透光伐时，郁闭度降低不超过0.2。

(3)透光后更新层或演替层的林木没有被上层林木严重遮阴。

(4)透光后林分目的树种和辅助树种的林木株数所占林分总株数的比例不减少。

(5)透光后林分中目的树种平均胸径不低于采伐前平均胸径。

(6)透光后的林木株数不少于该森林类型、生长发育阶段、立地条件的最低保留株数。不同森林类型、生长发育阶段、立地条件的最低保留株数由各省确定。

(7) 透光后林木分布均匀，不造成林窗、林中空地等。

(二) 疏伐

1. 作业要求

疏伐主要解决同龄林密度过大问题，常用于幼龄林第一次抚育伐。要编制并依据本地不同立地条件的最优密度控制表进行疏伐。在没有最优密度控制表的地方，推荐下述两个条件之一：①郁闭度0.8以上的中龄林和幼龄林；②天然、飞播、人工直播等起源的第一个龄级，林分郁闭度0.7以上，林木间对光、空间等开始产生比较激烈的竞争。符合条件②的，可采用定株为主的疏伐。

疏伐的要点是林分难于分辨林木个体差异，都处于快速高生长期。疏伐作业只是缓解林木恶性竞争，但不要完全释放保留木的生长空间。

2. 质量控制指标

(1) 疏伐后林分郁闭度不低于0.6。

(2) 在容易遭受风倒雪压危害的地段，或第一次疏伐时，郁闭度降低不超过0.2。

(3) 疏伐后林分目的树种和辅助树种的林木株数所占林分总株数的比例不减少。

(4) 疏伐后林分目的树种平均胸径不低于采伐前平均胸径。

(5) 疏伐后林木分布均匀，不造成林窗、林中空地等。

(6) 采伐后保留株数应不少于该森林类型、生长发育阶段、立地条件的最低保留株数。不同森林类型、生长发育阶段、立地条件的最低保留株数由各省确定。

(三) 生长伐

1. 作业要求

生长伐主要用于调节竞争、改善冠高比，促进目标树或保留木径向生长。要编制并依据本地不同立地条件的最优密度控制表或目标树最终保留密度（终伐密度）表进行生长伐。在没有最优密度控制表或目标树终伐密度表的地方，推荐下述3个条件之一：①立地条件良好、郁闭度0.8以上，进行林木分类或分级后，目标树、辅助树或Ⅰ级木、Ⅱ级木株数分布均匀的林分；②复层林上层郁闭度 0.7 以上，下层目的树种株数较多，且分布均匀；③林木胸径连年生长量显著下降，枯死木、濒死木数量超过林木总数 15% 的林分。符合条件③的，应与补植同时进行。

生长伐的对象是经过快速高生长后的林分，个体差异明显并可标示。通过采伐干扰树而改善目标树的生长空间，第二次生长伐是还要形成目标树的自由树冠。

2. 质量控制指标

(1) 生长伐后林分郁闭度不低于 0.6。

(2) 在容易遭受风倒雪压危害的地段，或第一次生长伐时，郁闭度降低不超过 0.2。

(3) 生长伐后林分目标树数量，或 I 级木、II 级木数量不减少。

(4) 生长伐后林分平均胸径不低于采伐前平均胸径。

(5) 生长伐后林木分布均匀，不造成林窗、林中空地等。对于天然林，如果出现林窗或林中空地应进行补植。

(6) 采伐后保留株数应不少于该森林类型、生长发育阶段、立地条件的最低保留株数。不同森林类型、生长发育阶段、立地条件的最低保留株数由各省确定。

(四) 卫生伐

1. 作业要求

符合以下条件之一的，可采用卫生伐：①发生检疫性林业有害生物；②遭受森林火灾、林业有害生物、风折雪压等自然灾害危害，受害株数占林木总株数 10% 以上。

受风灾或火灾等非生物致害因素破坏的森林，要尽可能识别和保留少量的那部分优势木，并通过冠下补植造林而恢复森林。但对于受检疫性林业有害生物及补充检疫性林业有害生物危害的林分，需要按皆伐重建的模式处理。

2. 质量控制指标

①卫生伐后没有受林业检疫性有害生物及林业补充检疫性有害生物危害的林木；②卫生伐后蛀干类有虫株率在 20%（含）以下；③卫生

后感病指数在 50（含）以下。感病指数按《造林技术规程》（GB/T 15776—2006）3.20 的规定执行；④除非严重受灾，采伐后郁闭度应保持在 0.5 以上。采伐后郁闭度在 0.5 以下，或出现林窗的，要进行补植。

（五）补植

1. 作业要求

符合以下条件之一的，可采用补植：①人工林郁闭成林后的第一个龄级，目的树种、辅助树种的幼苗幼树保存率小于 80%；②郁闭成林后的第二个龄级及以后各龄级，郁闭度小于 0.5；③卫生伐后，郁闭度小于 0.5 的；④含有大于 25m² 林中空地的；⑤立地条件良好、符合经营目标的目的树种株数稀少的有林地。符合条件⑤的，应结合生长伐进行补植。

补植可采用带状补植、群团状补植等方法。

2. 质量控制指标

（1）补植树种要选择能与现有树种互利生长或相容生长、并且其幼树具备从林下生长到主林层的基本耐阴能力的目的树种。对于人工用材林纯林，要选择材质好、生长快、经济价值高的树种；对于天然用材林，要优先补植材质好、经济价值高、生长周期长的珍贵树种或乡土树种；对于防护林，应选择能在冠下生长、防护性能良好并能与主林层形成复层混交的树种。

（2）用材林和防护林经过补植后，林分内的目的树种或目标树株数不低于每公顷 450 株，分布均匀，并且整个林分中没有半径大于主林层平均高 1/2 的林窗。

（3）不损害林分中原有的幼苗幼树。

（4）尽量不破坏原有的林下植被，尽可能减少对土壤的扰动。

（5）补植点应配置在林窗、林中空地、林隙等处。

（6）成活率应达到 85% 以上，三年保存率应达 80% 以上。

（六）人工促进天然更新

1. 作业要求

在以封育为主要经营措施的复层林或近熟林中，目的树种天然更新等级为中等以下、幼苗幼树株数占林分幼苗幼树总株数的50%以下，且依靠其自然生长发育难以达到成林标准的，可采用人工促进天然更新。

对于林下更新幼苗较多或者母树下种能力较强的林分，可以采用人工促进天然更新。人工促进天然更新就是要创造良好的条件来保证种子和幼树的生长。在种子年种子成熟飞散前进行整地松土，以保证种子落地后发芽成苗；割灌除草减少灌草等对更新幼苗在生长空间和养分利用上的竞争；一些易于受到人为干扰的林下设置警示牌或用围栏保护有培育前途的天然更新幼苗幼树；对一些萌发能力强的更新苗木，采用平茬复壮，同时对苗木进行施肥浇水等措施。此外，还需要定义和标记更新层高质量的幼树为二代目标树。

2. 质量控制指标

采取人工促进天然更新方式抚育的林分，达到以下标准的为合格：①达到天然更新中等以上等级；②目的树种幼苗幼树生长发育不受灌草干扰；③目的树种幼苗幼树占幼苗幼树总株数的50%以上。

(七)修枝

1. 作业要求

符合以下条件之一的用材林，可采用修枝：①珍贵树种或培育大径材的目标树；②高大且其枝条妨碍目标树生长的其他树。

枯枝的存在会降低林木的经济价值，而修剪过的树木会由于其优良材质和表面独特性而获得更高的价值，是提高木材价值的有效方法。

对中龄以上、目标木天然整枝不良、枝条影响林内通风和光照的林分可进行修枝整形。修枝一般用于针叶树或用材林中对干型有要求的目标树培育，包括珍贵树种或培育大径材的目标树、高大且其枝条妨碍目标树生长的其他树。修枝强度可根据不同的树种及年龄确定。修枝季节一般选择秋末至春节萌芽前。

树木修枝作业是投入较大的作业技术措施，所以森林抚育中一般用来对高质量的健康树木进行，目标是生产出高价值的木材产品。

在适时对林分进行抚育时，在郁闭阶段过后，会减轻主干枝的生长压力、加快自然整枝的过程，通过及时而正确的修枝还可大大改善树木的均匀性和用途。

通常情况下只针对针叶树修枝，且大多数树木的修剪高度至6.5m，并保持修枝后的树冠高度不低于全高的40%。而阔叶树通常情况下只对特殊树种的目标树进行修剪。

2. 质量控制指标

①修去枯死枝和树冠下部1~2轮活枝；②幼龄林阶段修枝后保留冠长不低于树高的2/3、枝桩尽量修平，剪口不能伤害树干的韧皮部和木质部；③中龄林阶段修枝后保留冠长不低于树高的1/2、枝桩尽量修平，剪口不能伤害树干的韧皮部和木质部。

（八）割灌除草

1. 作业要求

符合以下条件之一的，可采用割灌除草：①林分郁闭前，目的树种幼苗幼树生长受杂灌杂草、藤本植物等全面影响或上方、侧方严重遮阴影响的人工林；②林分郁闭后，目的树种幼树高度低于周边杂灌杂草、藤本植物等，生长发育受到显著影响的。

从生态系统和生物多样性的角度来看，所有植物都有其存在的合理性，所以只有在影响目的树种或优秀个体生长时才需要执行此抚育方式，尽量避免全面割灌。

2. 质量控制指标

①影响目的树种幼苗幼树生长的杂灌杂草和藤本植物全部割除；②割灌除草施工要注重保护珍稀濒危树木、林窗处的幼树幼苗及林下有生长潜力的幼树幼苗。

（九）浇水

1. 作业要求

符合以下条件之一的，可采用浇水：①降水量400mm以下地区的人工林；②降水量400mm以上地区的人工林遭遇旱灾时。

浇水也是幼龄林的重要抚育方式之一，主要是针对平原及干旱地区的人工幼林。

2. 质量控制指标

①浇水采用穴浇、喷灌、滴灌，尽可能避免漫灌；②浇水后林木生

长发育良好。

(十)施肥

1. 作业要求

符合以下条件之一的，可采用施肥：①用材林的幼龄林；②短周期工业原料林；③珍贵树种用材林。

施肥是集约经营的重要措施，主要是针对用材林的幼龄林、短周期工业原料林和珍贵树种用材林。

2. 质量控制指标

(1) 追肥种类应为有机肥或复合肥。

(2) 追肥施于林木根系集中分布区，不超出树冠覆盖范围，并用土盖实，避免流失。

(3) 施肥应针对目的树种、目标树，或Ⅰ级木、Ⅱ级木、Ⅲ级木。

(4) 应经过施肥试验，或进行测土配方施肥。

(十一)采伐剩余物处理

(1) 伐后要及时将可利用的木材运走，同时清理采伐剩余物，可采取运出，或平铺在林内，或按一定间距均匀堆放在林内等方式处理；有条件时，可粉碎后堆放于目标树根部鱼鳞坑中。坡度较大情况下，可在目标树根部做反坡向的水肥坑(鱼鳞坑)并将采伐剩余物适当切碎堆埋于坑内。

(2) 对于感染林业检疫性有害生物及林业补充检疫性有害生物的林木、采伐剩余物等，要全株清理出林分，集中烧毁，或集中深埋。

第三节 生物多样性和生态环境保护要求

保护和促进生物多样性水平提高是森林抚育的重要任务。生物多样性保护可以在多个水平上展开，森林抚育工作的重点是在林木个体和林分层面上保护所有与生物多样性有关的林分结构和组成要素。通过辅助树选择、特殊生境识别、枯立木维护三方面的特别设计，可以大大改进林分层面的生物多样性和丰富度，再通过对采伐作业的具体要求来减少对环境的负面影响，减少水土流失。

一、野生动物保护

常规森林抚育一般会伐除枯立木和劣质木，从保护野生动物的角度，一些提供野生动物巢穴、蜂巢和隐蔽地的林木应保留，保护好野生动物栖息地。①树冠上有鸟巢的林木，应作为辅助木保留；②树干上有动物巢穴、隐蔽地的林木，应作为辅助木保留；③保护野生动物的栖息地和动物廊道。抚育作业设计要考虑作业次序和作业区的连接与隔离，以便在作业时野生动物有躲避场所。

抚育作业中对辅助树的识别、标记和保护特别重要，因为它们是森林生态系统整体的生物多样性的具体要素和功能支持。

二、野生植物保护

森林抚育作业时，除通过保护珍稀濒危植物和采用树种混交增加物种多样性来提高林分稳定性外，还应注意保护更多的植物，因为人们尚未知其利用价值但却是一种潜在的生物资源。应重点保护好以下几方面的植物：

(1) 国家或地方重点保护树种，或列入珍稀濒危植物名录的树种，要标记为辅助树或目标树保留。

(2) 在针叶纯林中的当地乡土阔叶树种应作为辅助木保留。

(3) 保留国家或地方重点保护的植物种类。

(4) 保留有观赏和食用药用价值的植物。

(5) 保留利用价值不大但不影响林分卫生条件和目标树生长的林木。

(6) 具有潜在价值的植物资源。

三、其他生物多样性保护措施

森林中的所有绿色植物都是通过光合作用积累第一性物质的基础性生物要素，在不影响作业或目的树种幼苗、幼树生长的情况下不得伐除，保护好林下植物。森林抚育作业时要采取必要措施保护林下目的树种及珍贵树种幼苗、幼树；适当保留下木，凡不影响作业或目的树种幼苗、幼树生长的林下灌木不得伐除；要结合除草、修枝等抚育措施清除可燃物。

四、生态环境保护

森林抚育作业时要采取必要措施保护自然生境。

(1) 采伐和集材过程中避免对周边林地植被和土壤的破坏，避免采伐迹地的水土流失。

(2) 注意林地枯落物和采伐剩余物的保留。

(3) 开展林下补植时，避免全面整地。

(4) 提倡围绕目的树种幼苗幼树进行局部割灌，避免全面割灌。

从森林生态系统的总体上看，野生动物、鸟类、昆虫、腐生或腐食性微生物、枯立木、水源地等特殊生境、稀有树木、濒危植物等要素是森林生态系统物质和能量循环的关键要素和基本过程因子。通过上述四部分在森林抚育作业中应有计划地保护和提高生物多样性、保护生态环境的作业措施规定，可以显著提高森林生态系统的稳定性和承载力。

第九章

退化林修复

由于环境变化、造林和经营不当、遭受自然灾害、林业有害生物危害等因素影响，我国一部分森林稳定性降低，生态功能退化，难以通过自然能力更新恢复，形成了低质低效退化林分。林分退化成因复杂，低质低效林类型多样，必须要因地制宜、分类施策，采取科学有效的措施，对低效林、退化林进行修复，提高林分质量，提升森林生态服务功能。

第一节 低效林改造修复

一、基本原则

开展低效林改造活动，应遵循以下基本原则。

(1) 坚持尊重自然、顺应自然、保护自然，坚持生态优先，不得以低效林改造为名，将天然林改造为人工林。

(2) 在保护的基础上，自然修复和人工促进相结合。

(3) 保持低效次生林的天然林属性，培育混交林。

(4) 多目标经营，发挥森林多功能效益，兼顾近期效益与远期效益。

(5) 因地制宜，因林施策，适地适法。

(6) 措施与技术科学合理，经济可行。

二、低效林类型划分及评判标准

根据森林起源,可将低效林分为低效天然次生林、低效人工林两类。

(一)低效天然次生林

根据退化程度不同,可将低效天然次生林分为轻度退化次生林和重度退化次生林。

(1)轻度退化次生林。是指受到人为或自然干扰,林相不良,生产潜力未得到优化发挥,生长和效益达不到要求,但处于进展演替阶段,实生林木为主,土壤侵蚀较轻,具备优良林木种质资源的次生林。

符合以下所有条件的次生林,可判定为轻度退化次生林:①主要由实生乔木组成,林分生长量或生物量较同类立地条件平均水平低30%~50%;②目的树种占林分树种组成比例的40%以下,生长发育受到抑制;③天然更新的优良林木个体数量少,每公顷<40株;④土壤肥力和生态服务功能基本正常。

(2)重度退化次生林。是指由于不合理利用,保留的种质资源品质低劣(常多代萌生或成为疏林),处于逆向演替阶段,结构失调,土壤侵蚀严重,经济价值及生态功能低下的次生林。

符合以下所有条件的次生林,可判定为重度退化次生林:①林木90%多代萌生,林相残败,结构失调;②缺乏有效的进展演替树种,天然更新不良,具有自然繁育能力的优良林木个体数量每公顷<30株;③林木生长缓慢或停滞,树高、蓄积生长量较同类立地条件林分的平均水平低50%以上;④土壤肥力和水土保持功能明显下降。

(二)低效人工林

根据形成原因,可将低效人工林划分为经营不当人工林和严重受害人工林。

1. 经营不当人工林

经营不当人工林是指由于树种或种源选择不当,未能做到适地适树或其他经营管理措施不当,造成林木生长衰退,地力退化,功能与效益低下，无培育前途，生态效益或生物量（林产品产量）显著低于同类立地条件经营水平的人工林。

(1) 以物质产品为主要经营目的的人工林，符合以下条件之一的可判定为经营不当人工林：①生长缺乏活力，树高、蓄积生长量较同类立地条件林分的平均水平低30%以上；②林木生长停滞，林分郁闭度低于0.4以下，无培育前途；③林相残败，目的树种组成比重占40%以下，预期商品材出材率低于50%；④薪炭林经过2次以上樵采、萌芽生长能力衰退；⑤经济林产品连续3年产量较同类立地条件林分的平均水平低30%以上；⑥经济林林木或品种退化，产品类型和质量已不适应市场需求。

(2) 以生态防护功能为主要经营目的的人工林，符合下列条件之一的可判定为经营不当人工林：①林分郁闭度低于0.4以下的中龄林以上的林分；②林下植被盖度低于30%的林分；③断带长度达到林带平均树高的2倍以上，且缺带总长度占整条林带长度比例达20%以上，林相残败、防护功能差的防护林带；④受中度风蚀，沙质裸露，林相残败的防风固沙林。

2. 严重受害人工林

严重受害人工林主要是指受严重火灾、林业有害生物、干旱、风、雪、洪涝等自然灾害等影响，难以恢复正常生长的林分（林带）。

符合以下条件之一的，可以判定为严重受害人工林：①发生检疫性林业有害生物的林分；②受害死亡木（含濒死木）株数比重占单位面积株树40%以上的林分；③林木生长发育迟滞，出现负生长的林分。

三、改造方式与技术要求

(一) 改造方式

1. 封育改造

(1) 适用对象。有目标树种天然更新幼树幼苗的林分，或具备天然更新能力的母树分布，通过封育可望达到改造目的低效林分。主要适用于生态地位重要、立地条件差的退化次生林改造。

(2)技术措施。采取封禁并辅以人工促进天然更新的措施。具体封育措施按《封山(沙)育林技术规程》的规定执行。

2. 补植改造

(1)适用对象。郁闭度低于0.4的低效次生林和低效人工林。

(2)技术措施。①补植树种：采用乡土树种，通过补植形成混交林，应选择能与现有树种互利、相容生长，且具备从林下到主林层生长的基本耐阴能力的目的树种。②补植方法：根据林地目的树种林木分布现状确定补植方法，通常有均匀补植(现有林木分布比较均匀的林地)、群团状补植(现有林木呈群团状分布、林中空地及林窗较多的林地)、林冠下补植(现有主林层为阳性树种时在林冠下补植耐阴树种)等。③补植密度：根据经营方向、现有株数和该类林分所处年龄阶段合理密度而定，补植后密度应达到该类林分合理密度的85%以上。

具体的补植措施按《森林抚育规程》的规定执行。

3. 间伐改造

(1)适用对象。轻度退化次生林、经营不当人工林和严重受害人工林。

(2)技术措施。①需要调整树种组成、密度或结构的林分，间密留稀，留优去劣，可采取透光伐抚育。②需要调整林木生长空间，扩大单株营养面积，促进林木生长的林分，可采用生长伐抚育，选择和标记目标树，采伐干扰树。③对病虫危害林通过彻底清除受害木和病源木，改善林分卫生状况可望恢复林分健康发育的低效林，可采取卫生伐。④采伐强度和具体技术措施执行《森林抚育规程》的规定。

4. 调整树种改造

(1)适用对象。重度退化次生林和严重受害人工林。

(2)技术措施。①调整树种：根据经营方向、培育目标和立地条件确定调整的树种或品种。具体执行《造林技术规程》的规定。②改造方法：对针叶纯林采取抽针补阔、对针阔混交林采取间针育阔、对阔叶纯林采取栽针保阔，调整林分树种(品种)结构，选择和标记目标树，采伐干扰树。③改造强度：根据改造林分的特性、改造方法和立地条件，按照有利于改造林迅速成林并发挥效益、无损于环境的原则确定。间伐强度不超过林分断面积的 25%，或株数不超过 40%（幼龄林）。

5. 效应带改造

(1) 适用对象。主要适用于重度退化次生林改造。

(2) 改造方法和技术措施。执行《生态公益林建设技术规程》的规定。

6. 更替改造

(1) 适用对象。严重受害人工林。

(2) 技术措施。①更换树种：根据经营方向、培育目标和立地条件，本着适地适树适种源的原则确定。树种选择执行《造林技术规程》的规定。②改造方法：将改造小班所有林木一次全部伐完或采用带状、块状逐步伐完并及时更新。一次连片作业面积不得大于 $4hm^2$。通过 2 年以上的时间，逐步更替。③限制条件：位于下列区域或地带的低效林不宜采取更替改造方式：生态重要等级为 1 级及生态脆弱性等级为 1、2 级区域（地段）内的低效林；海拔 1800m 以上中、高山地区的低效林；荒漠化、干热干旱河谷等自然条件恶劣地区及困难造林地的低效林；其他因素可能导致林地逆向发展而不宜进行更替改造的低效林。

7. 综合改造

(1) 适用条件。对于通过上述单一改造方式不能达到改造目标的低效林。

(2) 技术措施。根据林分状况，可采取封育、补植、间伐、调整树种等多种方式和带状改造、林冠下更新、群团状改造等综合措施进行改造，提高林分质量。

（二）技术要求

1. 工作流程

低效林改造应按照调查评价、作业设计、查验审批、施工及评价等流程进行。

2. 布局配置

低效林改造应综合考虑改造区域林种、树种及空间上的科学合理的布局与配置，通过改造实施，达到调整优化林分结构的效果。

3. 改造目标和技术措施

通过实地调查与低效林评判后，针对不同的低效林类型、成因和经营培育方向，以小班或林带为经营单元，确定与功能需求相适宜的目标林分，并根据目标林分和林分现状确定具体改造方式及技术措施。除森林经营、造林等方面的常规技术要求外，在低效林改造的设计和实施中还应根据改造类型、改造方式及生态环境，考虑以下技术要求：

(1) 树种调整重新配置的作业要求。

(2) 水土严重流失地区的集流蓄水、强化入渗的作业要求。

(3) 水土严重流失地区、风沙危害地区的乔灌草配置技术、固土固沙技术的作业要求。

(4) 病虫害发生地区的林木及环境有害生物源处理技术的作业要求。

(5) 长期遭受水土流失地区，土地肥力贫瘠改良技术的作业要求。

(6) 经济林产品低效林的品种更换等技术的作业要求。

4. 保护措施

(1) 具有重要环境保护功能和景观美化价值，改造难度大或技术不成熟的低效林不宜改造。

(2) 注重生物多样性的保护，加强珍稀濒危野生动、植物资源及其栖息地保护，防止外来物种入侵。

(3) 防止对现有植被的破坏，采取的作业措施应避免新的水土流失和风沙危害，防止改造过程对自然环境的有害作用和影响。

(4) 严格控制病虫危害源的传播途径，进入改造区的种植材料要做好检疫，改造区的病虫危害木及残余物要及时进行隔离与处理，经检疫符合有关标准后方可流出改造区。

(5) 林地坡度大于25°的低效林，改造中宜采用带状、块状的林地清理方式，以尽量减少改造过程中的水土流失。

(6) 改造过程中不宜全面清林，禁止炼山。

第二节 退化防护林修复

一、总体要求

退化防护林修复应严格遵循以下原则：

(1) 尊重自然规律，因地制宜科学修复。遵循森林发展演替、林木生长、树种分布等规律，合理确定修复方式，科学设定林分密度，优先选择乡土树种，并配置形成混交林，优化林分结构，促进林分健康稳定。

(2) 严格生境保护，维护生物多样性。将生境保护理念贯穿于退化防护林修复全过程，合理确定采伐方式，采取低扰动整地、预留缓冲带、保留珍稀植物等保护措施，加强对修复林地生态和生物多样性的保护，避免对生态系统形成不可逆的影响。

(3) 先急后缓，突出改造重点。按照退化程度，先易后难开展修复活动。先行修复出现大面积枯死、濒死的成熟、过熟退化防护林及遭受严重灾害的退化防护林、粮食主产区的退化农田防护林、国家重点生态工程区的退化防护林。

(4) 生态优先，多效益兼顾。在满足生态防护功能要求的前提下，充分考虑经营者意愿，合理配置部分生态和经济效益兼顾树种，实行生态保护和民生改善相结合；在适宜地区，合理配置景观效果好的树种，提升森林景观质量。

(5) 依靠科技进步，提升修复科技水平。学习借鉴国内外先进技术和管理经验，大力推广适用当地的成功修复模式和技术，鼓励各地积极开展修复技术的研究和创新，提升退化防护林修复的科学化水平。

(6) 依法依规开展修复，强化资源管理。在修复过程中，严格遵守林业相关法律、法规、规定和标准等，严格林木采伐管理，强化森林资源保护，确保修复工作依法依规开展。

二、退化防护林界定标准

(一)判定标准

符合下列条件之一的防护林,可界定为退化防护林:

(1)林分衰败、林木生长衰竭、防护功能下降的成熟、过熟林。

(2)主林层枯死木、濒死木开始出现,且株数比例达单位面积株数5%(含)以上,难以自然更新恢复的衰败林分。

(3)林分衰败,因林木枯死、濒死,导致郁闭度持续下降至0.5(含)以下,林相残败、防护功能明显下降的林分。

(4)因衰败枯死,连续断带长度达到林带平均树高的2倍以上,且断带总长度占整条林带长度比例达20%(含)以上,林相残败、防护功能差的林带。

(5)由于衰败枯死,防护功能持续下降,难以自然更新恢复或难以维持稳定状态的灌木林可界定为退化灌木林。

(二)退化等级

根据退化程度,可将退化防护林分为重度退化、中度退化、轻度退化3个等级。

(1)重度退化。应符合下列条件之一:①防护功能严重下降,主林层枯死木、濒死木株数比例达单位面积株数40%以上;②林相残败、郁闭度降至0.3(含)以下;③连续断带长度在林带平均树高的2倍以上,且断带比例达50%以上。

(2)中度退化。应符合下列条件之一:①防护功能明显下降,主林层枯死木、濒死木株数比例达单位面积株数11%~40%;②林相残败、郁闭度降至0.3~0.5以内;③连续断带长度在林带平均树高的2倍以上,且断带比例为30%~49%。

(3)轻度退化。应符合下列条件之一:①防护功能出现下降,主林层枯死木、濒死木株数比例达单位面积株数5%~10%;②连续断带长度在林带平均树高的2倍以上,且断带比例为20%~29%。

退化灌木林等级由各地根据当地实际情况自行确定。

三、修复方式与技术要求

根据退化防护林的成因、退化程度、林分特征等，可采用更替、择伐、抚育、林带渐进、综合等修复方式。

（一）更替修复

1. 适用对象

适用于重度退化防护林。

2. 修复方法

采取小面积块状皆伐更新、带状采伐更新、林（冠）下造林更新、全面补植更新等方式进行修复。

3. 技术要求

（1）小面积块状皆伐更新、带状采伐更新。根据林分状况、坡度等情况，采用小面积块状、带状等采伐进行修复。小面积块状皆伐相邻作业区，应保留不小于采伐面积的保留林地。带状采伐相邻作业区保留带宽度应不小于采伐宽度。

采伐后应及时更新，更新树种按防护林类型要求、兼顾与周围景观格局的协调性确定，原则上营造混交林，可采取块状混交、带状混交等方式。

根据更新幼树生长情况合理确定保留林地（带）修复间隔期，原则上更新成林后，再修复保留林地（带），间隔期一般不小于3年。

（2）林（冠）下造林更新。林（冠）下造林更新应选择幼苗耐庇荫的树种。造林前，先伐除枯死木、濒死木、林业有害生物危害的林木，然后进行林（冠）下造林。待更新树种生长稳定后，再对上层林木进行选择性伐除，注意保留优良木、有益木、珍贵树。

（3）全面补植更新。退化严重、林木稀疏、林中空地较多的退化防护林，可采用全面补植方式进行更新。先清除林分内枯死木、濒死木、生长不良木和林业有害生物危害的林木，然后选择适宜树种进行补植更新。

(二)择伐修复

1. 适用对象

适用于近熟、成熟和过熟的退化防护林。

2. 修复方法

可采取群团状择伐、单株择伐等方式进行修复，并根据林分实际情况采取补植补造措施进行修复。

3. 技术要求

(1)择伐。对于修复小班内枯死木、濒死木和林业有害生物危害的林木，在群团状分布特征明显的区域，可实行群状择伐修复；群状分布特征不明显且呈零散分布的区域，可实行单株择伐修复。

群状择伐、单株择伐强度根据实际情况而定，择伐株数强度应小于40%。

群状择伐每群面积按照《生态公益林建设技术规程》(GB/T 18337.3—2001)的规定执行。

(2)补植补造。择伐后郁闭度大于0.5，且林木分布均匀的林分可不进行补植补造；择伐后郁闭度小于0.5的林分，或郁闭度大于0.5但林木分布不均匀的林分，应进行补植补造。

补植补造应尽量选择能与林分原有树种和谐共生的不同树种，充分利用林隙补植，并与原有林木形成混交林。

(三)抚育修复

1. 适用对象

适用于中(幼)龄阶段的退化防护林。

2. 修复方法

按照间密留匀、去劣留优和去弱留强的原则，采取疏伐、生长伐、卫生伐等方式进行修复，并根据林分实际情况进行补植补造。

3. 技术要求

(1)抚育采伐。对因密度过大而退化的防护林，采取疏伐、生长伐方法调整林分密度，优化林分结构，优先伐除枯死木、濒死木和生长不良木。

对遭受自然灾害、林业有害生物危害的林分，采取卫生伐，根据受害情况伐除受害林木，并彻底清除病(虫)源木。

(2)补植补造。符合《森林抚育规程》中补植条件要求的林分，应进行补植补造。补植树种应尽量选择能与林分原有树种和谐共生的不同树种，并与原有林木形成混交林。

(四)林带渐进修复

1. 适用对象

适用于农田防护林、牧场防护林、护岸林、护路林、城镇村屯周边等退化防护林带(网)。

2. 修复方法

在维护防护功能相对稳定的前提下，可采取隔带、隔株、半带、带外及分行等修复方式，有计划地分批改造更新，伐除枯死木、濒死木和林业有害生物危害的林木，并对林中空地和连续断带处加以补植补造。更新间隔期应不小于3年。

3. 技术要求

(1)隔株更新。按行每隔1~3株伐1~3株，采伐后在带间空地补植，待更新苗木生长稳定后，伐除剩余林木，视林带状况再进行补植。

(2)半带更新。根据更新树种生物学特性，将偏阳或偏阴一侧、宽度约为整条林带宽度一半的林带伐除，在迹地上更新造林，待更新林带生长稳定后，再伐除保留的另一半林带进行更新。

(3)带外更新。根据更新树种生物学特性，在林带偏阳或偏阴一侧按林带宽度设计整地，营造新林带，待新林带生长稳定后再伐除原有林带。

(4)隔带、分行更新。采伐要求按照《森林采伐作业规程》(LY/T 1646—2005)的规定执行。

林带渐进修复采伐林木后要及时更新造林。渐进修复的树种配置按多效益兼顾原则，可在道路、水系两侧和城镇村屯周边防护林带内，适当镶嵌乔木和灌木观赏树种，形成多树种混交的复层林。

(五)综合修复

1. 适用对象

综合修复适用于林分结构不尽合理,枯死木、濒死木和林业有害生物危害林木分布特征一致性差的轻度、中度退化防护林。

2. 修复方法

综合运用抚育、补植补造、林下更新、调整、封育等措施,清除死亡、林业有害生物危害和无培育价值的林木,调整林分树种结构、层次结构和林分密度,增强林分稳定性,改善林分生境,提高林分生态防护功能。

3. 技术要求

(1)林分抚育。按照《森林抚育规程》有关规定的要求执行。

(2)补植补造。被修复的林分实施抚育后,郁闭度较低的,采取补植补造的方法,培育复层、异龄、混交林分。选择的补植补造树种应与林分现有树种在生物特性与生态习性方面共生相容,形成结构稳定的林分。

(3)林下更新。在拟修复的林分内,对非目的树种分布的地块(地段)及林中空地,采取林下更新、林中空地造林方法进行修复,培育林分更新层并促进演替形成为主林层。树种选择需考虑更替树种对现有林分生境的适宜性,考虑更替树种与主林层树种在林分营养空间层次的协调与互补,合理确定更替树种的成林目标与期望。

(4)调整树种。在拟修复的林分内,对需要调整树种和树种不适的地块(地段),宜采取抽针(阔)补阔(针)、间针(阔)育阔(针)、栽针(阔)保阔(针)等方法进行树种结构调整,促进培育形成混交林。一次性间伐强度不应超过林分蓄积量的25%。

(5)封山育林。采取上述修复措施的林分,宜考虑同步辅以实施封山育林措施,划定适当的封育期,采取全封、半封等封育措施,促进退化防护林修复尽快达到预期成效。

(六)其他技术要求

(1)退化灌木林的修复,宜根据林地立地条件,特别是水资源情况进行平茬或补植补造。空地面积较小、分布相对均匀的进行均匀补植；空地面积较大、分布不均匀的进行局部补植。适宜生长乔木的区域，可适量补植乔木，形成乔灌混交林。补植前，应先清除死亡和林业有害生物危害的灌木。

(2) 凡涉及补植补造的林地，视现有林木株数和该类林分所处年龄阶段、立地条件等确定合理补植密度，补植后单位面积的新植苗木和现有林木株数之和，应达到该类林分合理密度的最低限以上。

(3) 对于其他退化防护林，可参照《造林技术规程》《森林抚育规程》《生态公益林建设技术规程》的相关规定，提出造林整地、播种与栽植、造林密度、未成林抚育和管护等技术要求。

(4) 森林保护、营林基础设施等林地基础设施建设可按照《生态公益林建设技术规程》的规定执行。

退化防护林修复过程各项修复方法的运用，应森林生态系统发育演替规律，充分利用自然修复力辅以适度的人工修复措施，视林分退化状况和环境，因地制宜，合理选择。

四、退化防护林修复的生境保护要求

开展退化林修复活动，应坚持尊重自然、顺应自然、保护自然的原则，采取适当的生态环境保护措施，避免造成负面影响。

(一) 划定限制修复区域

(1) 依据《生态公益林建设技术规程》，禁止在特殊保护地区进行退化防护林修复，严格限制在重点保护地区进行退化防护林修复。

(2) 以下重点保护地区禁止采用皆伐措施进行更替修复：①生态脆弱性等级为Ⅱ级区域(地段)。②荒漠化、干热干旱河谷等自然条件极为恶劣地区。③其他因素可能导致林地逆向发展而不宜改造的区域或地带。

(二) 预留缓冲带

修复区内分布有小型湿地、水库、湖泊、溪流，或在自然保护区、人文保留地、自然风景区、野生动物栖息地和科学试验地等临近区，应预留一定宽度的缓冲带。缓冲带宽度参见《森林采伐作业规程》的规定。

禁止向缓冲带内堆放采伐剩余物、其他杂物和垃圾。

(三)保护修复林地生态

(1)限制全面清林。在修复林地内,存在杂草灌木丛生、采伐剩余物堆积、林业有害生物发生严重等情况,不进行清理无法整地造林的,可进行林地清理。清理时,应充分保留原生植被,禁止砍山炼山。

(2)造林整地尽量采用穴状、鱼鳞坑等对地表植被破坏少的整地方式,严格限制使用大型机械整地,减少施工机械对原生植被和土壤反复碾压产生的破坏;造林整地应尽量避免造成新的水土流失;水土流失严重地区的造林整地,应设置截水沟、植物篱、溢洪道、排水性截水沟等水土保护设施。

(四)保护生物多样性

1. 现有植物保护

(1)保留国家、地方重点保护,以及列入珍稀濒危植物名录的树种和植物种类。

(2)小面积皆伐应注重保留具有一定经济价值和特殊作用,并能与更新树种形成混交的树种。

2. 保护野生动物生境

(1)修复区内树冠上有鸟巢的林木,以及动物巢穴、隐蔽地周围的林木,应注重保留。

(2)保护野生动物生活和迁移廊道,根据野生动物生活习性,合理安排修复时间,减少对野生动物产生的惊扰。

(五)林业有害生物防治和外来物种控制

(1)严格控制林业有害生物传播途径。选择的伴生树种不应与主要树种存在共同的危险性有害生物;做好进入修复区的苗木检疫;按规定和相关技术标准处理修复区内感染有害生物的林木。

(2)严格控制外来物种,选用引进树种时,应选择引种试验后证明对当地物种和生态系统不造成负面影响的树种。

第十章

造林作业设计、检查验收和档案管理

第一节 造林作业设计

造林作业设计是指为完成造林的地块预先编制出的工作方案、计划以及绘制的图件。造林作业设计是将林业建设规划、实施方案、总体设计等规划设计文件付诸实施,指导造林施工作业的技术性文件,是林业工程建设不可缺少的环节。根据我国林业建设管理的有关制度规定,按照基本建设程序管理的林业生态工程项目需要编制造林作业设计,按设计施工,按设计检查验收。

一、造林作业设计的依据和任务

造林作业设计主要依据造林任务量已落实到小班的总体设计或其他规划设计文件以及造林年度生产计划任务。作业设计的任务主要是落实年度造林生产作业任务,对每个作业区做出具体的技术规定并指导施工。

造林作业设计以造林作业区为单元编制。造林作业区原则上为一个小班。小班是指内部特征基本一致,与相邻地段有明显区别,而需要进行造林并采取相同经营措施的地块或小区,是开展造林调查设计和经营管理的基本单位。当小班面积过大时,可划分为2~3个细班,每个细班为一个造林绿化作业区。当相邻或相近的数个小班其立地条件、经营方向、树种选择一致,而数个小班的总面积不大时,也可合并为一个造

第十章 造林作业设计、检查验收和档案管理

林作业区。造林作业区是指预备栽植或正在栽植乔灌草等植物的地块。

二、造林作业设计程序

(一)造林作业区选择

依据总体设计图及附表、年度计划选择造林作业区,将任务落实到各个作业区。作业区可在宜林地、无立木林地、退耕还林地以及其他适宜造林的小班中选择。作业区的布置要相对集中,便于管理,便于施工。作业区总面积与年度计划应尽量吻合,负误差最大不超过10%。

作业区先在室内按总体设计图选择,再到现地踏查。踏查的主要内容包括:地类或小班界线是否变更、总体设计的设计内容是否合理。

在核实现场将作业区位置用铅笔勾绘在以乡镇为单位分幅的总体设计图或地形图上。如使用地形图,地形图的比例尺与总体设计的设计图要一致,最小作业区的成图面积≥2mm×2mm。同时,逐年的作业区要标注在同一份地形图上。

(二)造林作业区外业调查

1. 调查方法

先踏查整个作业区,选择有代表性的1~2个调查点,目测记载。

2. 调查记录

调查记录包括以下内容:

(1)作业区编号。邮政编码+村屯名的汉语拼音缩写(大写字母,双声母选第1个字母)+-+年份+-+阿拉伯数字序号(3位数)(示例:100102NHQ-2002-008)。

(2)日期。完整填写调查年、月、日。

(3)调查者。签署调查者个人姓名,不得签署××调查组、××科、××调查队等不能确认调查者个人身份的名称。

(4)位置。乡镇(林场、分场),村屯(工区),林班,小班;所在地形图比例尺、图幅号、公里网区间。

(5)作业区立地特征。地形、地貌、地类、母岩、土壤、小气候等。

(6)植被。植被类型、植被总盖度、各层盖度、主要植物种类(建群种、优势种)及其生活型、多度、盖度、高度。如为退耕还林地则要调查原作物种类、耕作制度。

(7)需要保护的对象。珍稀濒危植物、古树名木、古迹、历史遗存、有特殊价值的景点、珍稀濒危动物或有益动物的栖息地(如小片灌丛、站杆、水池、洞穴等)。

(8)树种。根据造林作业区及附近林分、树木的生长情况,查看总体设计等技术文件确定的树种是否恰当,提出补充、修改意见。

(9)社会经济情况。造林项目所在区域的社会、经济、交通、权属、经营习惯等。

(三)造林作业区面积量测

造林作业区的面积以实测为准。作业区形状规则时可用测绳量测,当边界不规则时要用带镜罗盘仪、经纬仪或经过差分纠正的全球卫星定位系统(GPS)接收机测量。量测闭合差不大于1/100。

(四)造林作业内业设计

(1)造林设计。根据总体设计等规划设计文件及造林作业区调查情况,做出如下设计:林种、树种(草种)、种苗的数量、遗传品质(包括良种、种源、种子产地、品种等)和播种品质(苗体)及其处置与运输有明确要求,造林种草的方式方法与作业要求,乔灌木树种与草本、藤本植物的栽植配置(结构、密度、株行距、行带的走向等),整地方式与规格,整地与栽植(直播)的时间。

(2)幼林抚育设计。幼林抚育次数、时间与具体要求等。

(3)辅助工程设计。林道、灌溉渠、水井、喷灌、滴灌、塘堰、梯田、护坡、支架、护林房、防护设施、标牌等辅助项目的结构、规格、材料、数量与位置;沙地造林种草设置沙障的数量、形状、规格、走向、设置方法与采用的材料。辅助工程要做出单项设计、绘制结构图,其位置要标示在设计图上。

(4)种苗需求量计算。根据树种配置与结构、株行距及造林作业区面积计算各树种的需苗(种)量,落实种苗来源。

(5)工程量统计。根据工程项目涉及的相关技术经济指标，计算林地清理、整地挖穴的数量，肥料、农药等造林所需物资数量，辅助工程项目的数量与相应物资、材料的需求量，以及车辆、农机具等设备的数量与台班数。

(6)用工量测算。根据造林地面积、辅助工程数量及其相关的劳动定额，计算用工量，结合施工安排测算所需人员与劳力。

(7)施工进度安排。根据季节、种苗、劳力、组织状况做出施工进度安排。

(8)经费预算。分苗木、物资、劳力和其他四大类计算。种苗费用按需苗量、苗木市场价、运输费用测算。物资、劳力以当地市场平均价计算。

(9)绘制造林作业设计图。造林作业设计图要能满足发包、承包、施工、工程监理、结算、竣工验收、造林核查的需要。图种包括作业设计总平面图、造林图式和辅助工程单项设计图。

(五)造林作业设计的文件组成

造林作业设计以造林作业区为单元编制，每个作业区编制一套设计文件。文件包括：作业设计说明书、作业设计总平面图、栽植配置图、辅助工程单项设计图、造林作业区现状调查卡。作业设计文件应采用通用的计算机软件制作并汇总成册。

三、造林作业设计的组织、设计资格与责任

造林作业设计一般在县(市、旗、区)林业行政主管部门统一领导下，由乡镇(苏木)政府、县(市、旗、区)直属林场或相当于林场的企业、机构组织编制。

造林作业设计由具有丁级以上(含丁级)设计或咨询资质的单位或机构承担。作业设计实行项目负责人制，项目负责人具有对造林作业设计文件的终审权并承担相应的责任。允许直接聘请具备林业行业高级职称的技术专家编制作业设计，技术专家的责任由聘任合同确认。

四、造林作业设计审批

造林作业设计应组织专家评审,由造林作业区所在县(市、旗、区)以上林业行政主管部门审批,报送省(市、区)林业行政主管部门备案。

没有作业设计或设计尚未被批准的不得施工。作业设计一经批准,必须严格执行。如因故需要变更的,须由原设计单位或机构变更设计并提交变更原因说明,报原审批部门重新办理审批手续。

第二节 造林检查验收

一、人工造林检查验收

人工造林检查验收一般在造林结束后进行全面检查验收;造林一年后进行造林成活率检查,合格的由检查验收组负责人签发检查验收合格证;不合格的,施工单位要及时补植并达到合格标准后再发检查验收合格证。检查验收合格证一式三份,验收单位、施工单位、上级林业主管部门各一份。造林后 3~5 年后进行造林保存率检查。检查验收内容包括造林面积检查、造林成活率检查、造林保存率检查。

(一)造林面积检查

使用仪器实测,或按施工设计图逐块核实。造林面积连续成片在 $0.067hm^2$ 以上的,按片林统计。乔木林带和灌木林带两行以上(包括两行)、林带宽度在4m(灌木3m)以上,连续面积 $0.067hm^2$ 以上,可按面积统计。

(二)造林成活率检查

采用样地或样行随机抽样方法检查造林成活率。成片造林面积在 $10hm^2$ 以下、$10\sim30hm^2$、$30hm^2$ 以上的,样地的面积应分别占造林面积的3%、2%、1%;防护林带应抽取总长度的20%林带进行检查。植苗造林和播种造林,每穴中有一株或多株幼苗成活均作为成活一株(穴)

计数。造林成活率计算方法参见《造林技术规程》的规定执行。

年均降水量在400mm以上地区及灌溉造林，成活率在85%以上(含85%)为合格；年均降水量在400mm以下地区，成活率在70%以上(含70%)为合格。

年均降水量在400mm以上地区及灌溉造林，成活率在41%~85%(不含85%)的需要进行补植；年均降水量在400mm以下地区，成活率在41%~70%(不含70%)需要进行补植。

成活率在41%以下(不含41%)的为造林不合格，需要进行重新造林。

(三)造林保存率检查

人工造林3~5年后，由上级林业主管部门根据造林施工设计书和检查验收合格证，对造林面积保存率、造林密度保存率、经营和林木生长情况组织检查，其结果计入档案。

二、森林抚育检查验收

森林抚育检查验收一般在施工作业后的当年或次年进行，检查验收内容包括抚育作业面积、抚育作业质量、作业设计质量、政策落实情况等。

(1)抚育作业面积检查。根据上报完成面积，通过现地核实确定其实际作业面积，通过质量检查评定其合格面积。核实面积是指现地核实确定的实际作业面积，包括合格面积和不合格面积，合格面积是指作业质量符合相关技术标准的核实面积。

(2)抚育作业质量检查。检查是否按照作业设计和技术规程开展抚育施工作业，是否存在拔大毛、采好留坏、应采未采、开天窗等问题，重点检查抚育间伐保留郁闭度、伐后平均胸径、保留目标树、割灌除草、人工修枝等施工作业是否符合《森林抚育规程》《生态公益林建设技术规程》或省级森林抚育实施细则等质量控制的相关规定。

(3)作业设计质量检查。重点检查作业设计中调查因子是否与现地相符，主要设计指标是否符合《森林抚育作业设计规定》的要求、是否能正确反映实际抚育的需要，作业设计内容是否齐全、文本格式是否规范等。

三、低效林改造检查验收

检查验收根据作业设计文件进行。检查验收内容主要包括作业区的地点、范围、面积，改造方式，采伐作业实施情况，营造林作业实施情况，生物多样性与环境保护执行情况，病虫害防治等森林保护实施情况，其他改造技术要求的执行情况与效果以及改造作业综合评价。

四、更新造林检查

更新造林检查内容主要包括调查设计是否合理，更新树种、初植密度、苗木规格、植苗方法等是否与调查设计一致，以及成活率、保存率等成效指标是否达到更新造林的技术指标要求。成活率指标按照《造林技术规程》的要求执行。保存率指标要求第三年人工幼树株数保存率80%（含80%）以上，面积保存率90%（含90%）以上。

第三节　造林档案管理

造林档案是在造林过程中直接形成的、具有保存利用价值的各种形式和载体的原始记录，是促进我国造林绿化事业科学发展、提高营造林经营管理水平、提升森林质量效益的重要依据。造林档案管理是造林工作中不可缺少的基础性工作。我国造林相关技术标准、林业重点工程管理办法对造林活动的档案管理做出了明确规定。

一、林业重点工程档案管理

国家林业和草原局印发了《林业重点工程档案管理办法》（以下简称《办法》），对林业重点工程档案管理做出了明确规定。《办法》要求，各项目单位要切实加强对工程档案工作的领导，并保证开展工程档案工作所需要的资金、设施和设备。应建立项目档案领导责任制，分管工程的负责人要同时对工程档案工作负全责。要确定工程档案归口管理部门，并配备能力强、业务素质高的档案人员，负责工程档案材料的收集、整理、鉴定、保管及提供利用等工作。要将工程文件材料的形成、积累、整理和归档工作纳入工程管理程序，列入有关部门和人员的职责范围。各级林业和草原主管部门在编制林业重点工程规划及实施方案时，应将工程档案的建立与管理作为重要内容纳入规划或方案中。

《办法》要求，项目单位要在工程竣工验收前一个月完成文件材料的归档工作。建设周期长的工程，可根据情况分阶段归档。实行总承包的项目，由各分包单位负责收集、整理分包范围内的档案资料，在工程验收前一个月交总包单位汇总、归档；由项目单位分别向几个单位发包的项目，由各承包单位负责收集、整理所承包工程的档案资料，在工程验收前一个月交项目单位汇总、归档，或由项目单位委托一个承包单位汇总、归档。

《办法》要求，各项目单位要按照国家有关要求对归档文件材料进行加工、整理。归档文件要字迹工整、图样清晰、签字手续完备，图片、照片等要配以文字说明。归档时，各项目单位要将归档材料相应的电子文件一并移交档案部门，产生电子文件的软硬件环境及参数须符合有关要求。工程技术人员要及时整理在工程实施工作中形成的有关材料，及时向所在单位档案管理部门移交，办理归档手续；工作调动前，须将个人保存的材料及时移交所在单位档案管理部门。

《办法》规定，各级林业和草原主管部门要加强对工程档案验收工作的组织管理，按照国家有关规定做好工程档案的验收工作。在组织对林业重点工程进行竣工验收时应有档案管理部门派员参加，确保工程与档案同步验收。项目单位要依据工程特点建立健全工程文件材料的整理、保管、利用、保密、鉴定、销毁等管理制度。

二、造林档案管理通用要求

《造林技术规程》对造林档案管理通用要求做出了具体规定。获得政府扶持的各类造林都应分门别类建立造林技术和管理档案。建档主要内容包括造林作业设计文件、图表、造林面积、整地方式和规格、林种、造林树种、立地条件、造林方法、密度、种苗来源(包括产地、植物检疫证书、质量检验合格证书和标签等)、规格和处理、保水材料和肥料、未成林抚育管护、病虫兽害种类和防治情况、造林施工单位、施工日期、监理单位、监理人员、监理日期、施工、监理的组织、管理、成效评价、各工序用工量及投资、造林招投标资料、资金支付单据等。

三、其他专项要求

《飞播造林技术规程》对飞播造林档案管理做出了明确规定，要求以播区为单位建立技术管理档案。档案内容包括林业生态工程规划、调查设计、地面处理、补植补播、飞播生产组织、出苗观察原始记录、成苗调查原始记录和调查报告、成效调查原始记录和调查报告以及相关的科研、调研资料等。同时及时对播区所有的生产活动及效益、经验、教训等进行连续性记载。档案管理由县级林业主管部门统一领导，专人负责。

《封山(沙)育林技术规程》对封山(沙)育林档案管理做出了明确规定，要求以封育小班为单元建立档案资料。封山(沙)育林中涉及的文件均需归档，并分别用纸质和磁介质保存，由专人负责管理。封山(沙)育林档案材料应包括：小班档案记录卡，各类审批文件，包括图、表(卡)等在内的调查设计文件，封育实施的年度总结，成效评价成果，历年封育成林汇总图、表。在封育期间，森林资源发生变化的小班应在更新经营档案的同时，及时更新资源档案。

《森林抚育规程》对森林抚育档案管理做出了明确规定，要求各森林经营单位或林业和草原主管部门应按照国家档案管理的有关规定配备相应的管理人员，负责档案资料的接收、收集、整理、保管和提供利用。森林抚育档案内容包括：作业设计文档(森林抚育作业区调查原始记录和作业设计说明书、表、图，以及作业设计批复文件等)，森林抚育作业文档(施工合同、采伐许可证等文件，以及有关抚育作业过程中的用工和设备、材料等消耗资料)，检查验收文档(森林抚育作业的自查报告、检查验收报告等材料），其他相关文档（工作总结、财务报表等文档，以及抚育作业前后对比照片等材料）。森林抚育档案应有纸介质文档和电子文档，纸介质文档字迹应清晰，电子文档应有备份。森林抚育作业验收结束后，有关单位和部门应立即完善相关档案材料的归类、整理与立卷。档案管理部门整理立卷和接收入库的档案应符合以下要求：归档的文件材料齐全；遵循文件材料的形成规律，保持文件之间的历史联系；保管期限划分准确；案卷题名简明确切；卷内文件排列有序；案卷应符合标准，每个案卷应填写卷内文件目录，备考表，编页号或件号；立卷单位或立卷人应编制案卷移交目录一式三份，交接双方依据移交目录清点核对，并分别在移交清单上签字。

《低效林改造技术规程》对低效林改造档案管理做出了明确规定。低效林改造技术档案主要包括以下内容：作业设计的说明书、图件、表册及批复文件等，调查设计卡片，小班施工卡片，检查验收调查卡片与报告，财务概算、结算报表，改造前后及施工过程的影像资料，监测记录及报告，其他相关文件、记录及技术资料。

参考文献

陈晓阳，沈熙环，2005. 林木育种学[M]. 北京：高等教育出版社.
高建邻，1995. 谈谈计划烧除的几个问题[J]. 护林防火(6)：3-6.
国家林业和草原局，2019. 中国森林资源报告(2014—2018)[M]. 北京：中国林业出版社.
国家林业和草原局造林绿化管理司，2018. 旱区造林绿化技术指南[M]. 北京：中国林业出版社.
国家林业局，2002. 林木种苗行政执法手册[M]. 北京：中国林业出版社.
国家林业局，2018. 全国森林经营规划(2016—2050年)(中英文)[M]. 北京：中国林业出版社.
国家林业局造林绿化管理司，中国林业科学研究院资源信息所，2016. 森林抚育规程解读[M]. 北京：中国林业出版社.
贾治邦，2009. 新中国成立60周年重要林业文献选编[M]. 北京：光明日报出版社.
贾忠奎，2011. 林下经济复合经营实用技术[M]. 北京：中国林业出版社.
雷海清，2010. 矿山废弃地植被恢复的实践与发展[M]. 北京：中国林业出版社.
潘德成，2012. 煤矿区次生裸地水土保持与生态重建[M]. 北京：化学工业出版社.
沈国舫，翟明普，2011. 森林培育学[M]. 北京：中国林业出版社.
盛炜彤，2014. 中国人工林及其育林体系[M]. 北京：中国林业出版社.
杨军，2012. 城市林业规划与管理[M]. 北京：中国林业出版社.
翟明普，2011. 现代森林培育理论与技术[M]. 北京：中国环境科学出版社.
张建国，2007. 人工造林技术概论[M]. 北京：科学出版社.
张运山，钱栓提，2007. 林木种苗生产技术[M]. 北京：中国林业出版社.
赵方莹，2009. 矿山生态植被恢复技术[M]. 北京：中国林业出版社.
郑苗松，2007. 盐碱地造林绿化技术[M]. 北京：中国林业出版社.
《中国林业工作手册》编纂委员会，2018. 中国林业工作手册[M]. 2版. 北京：中国林业出版社.
中华人民共和国林业部，1987. 中国林业年鉴(1949—1986)[M]. 北京：中国林业出版社.
中华人民共和国林业部，1998. 中国飞播造林四十年[M]. 北京：中国林业出版社.